# 簡単に解ける
# 非線形最適制御問題

片柳亮二 著
Ryoji Katayanagi

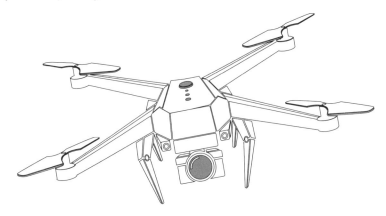

技報堂出版

書籍のコピー，スキャン，デジタル化等による複製は，
著作権法上での例外を除き禁じられています．

# はじめに

　近年の航空機の操縦装置は，フライ・バイ・ワイヤ（FBW）といわれるコンピュータ制御のシステムとなっている．筆者は長らく航空機の飛行制御設計の仕事に携わってきたが，そのほとんどは線形制御系の設計であった．もちろん実際の飛行制御系には多くの非線形要素が存在するため，それらの非線形要素の影響については，シミュレーションによって検証していくという方法であった．いずれにしても，航空機の飛行制御系は線形制御の範囲内で設計するのが基本であった．

　これに対して，一般の制御系においては，非線形のダイナミクスをそのまま用いて設計する必要がある例が多い．例えば，倒立振子の振り上げ問題である．台車に載っている振り子を，台車を押すことによって真下に垂れ下がっている状態から真上まで振り上げてそこで止める問題である．勢いが強すぎると振り子は回転を続けて真下に戻ってしまう．丁度真上になったときに回転が止まるようにするには，台車にどのような力を加えたらよいのか，またそのときの時間を指定した場合はどうなるのか，これは初期条件と終端条件を指定した２点境界値問題であり解を得るのは簡単ではない．

　２点境界値問題が難しいのは次の理由である．運動方程式という制約の下で，評価関数を最大または最小にする制御を求めるために，運動方程式を初期条件から正時間方向に終端条件まで積分した後，未定乗数に関する微分方程式を終端条件から逆時間方向に積分していく必要がある．また，運動方程式と未定乗数に関する微分方程式は制御入力でつながっているので，単純に繰り返し計算を行うと条件が大きく変動して解が収束しなくなる可能性がある．

　このように，理論的に難しい２点境界値問題に代表される非線形最適制御問題を，本書では数学理論的な解の導出法ではなく，工学的な観点から，より簡単に解を得る方法を紹介する．この方法は難しい理論を必要としないので初学者にも簡単に利用できる実用的で応用範囲の広い解析法である．

　本書は，多くの例題を通して非線形最適制御問題について学ぶことができるようになっている．これから制御設計に携わるエンジニアの方の参考になれば望外の喜びである．

はじめに

　最後に，本書の執筆に際しまして，特段のご尽力をいただいた技報堂出版の石井洋平氏にお礼申し上げます．

　2019年4月

片柳亮二

# 目　次

第1章　最適化問題とは ……………………………………………… 1
　1.1　最適化問題の分類 ……………………………………………… 1
　1.2　線形計画法（LP法） …………………………………………… 2
　　【例題 1.2.1】　線形計画法の例 ………………………………… 2
　1.3　2次計画法（QP法） …………………………………………… 3
　　【例題 1.3.1】　2次計画法の例（1）— 等式制約条件 ………… 3
　　【例題 1.3.2】　2次計画法の例（2）— 不等式制約条件 ……… 4
　1.4　非線形システムのフィードバック安定化 …………………… 7
　　【例題 1.4.1】　非線形システムの安定化制御（1） …………… 7
　　【例題 1.4.2】　非線形システムの安定化制御（2） …………… 9
　　【例題 1.4.3】　非線形システムの安定化制御（3） …………… 10
　1.5　非線形最適制御 ………………………………………………… 14
　　1.5.1　変分法による解法 ………………………………………… 14
　　【例題 1.5.1】　最速降下線 — 変分法による解 ……………… 15
　　1.5.2　一般の最適制御問題の解法 ……………………………… 17
　　【例題 1.5.2】　最速降下線 — 最適制御問題による解 ……… 19
　1.6　本書で利用する解析法 ………………………………………… 23

第2章　数理計画法問題 ……………………………………………… 25
　　【例題 2.1】　目的関数2次，制約条件線形の最小化（2次計画法） …… 25
　　【例題 2.2】　目的関数2次，制約条件2次の最小化問題 ……………… 27
　　【例題 2.3】　目的関数1次，制約条件1次と2次の最小化問題 ……… 29

第3章　非線形システムのフィードバック安定化 ………………… 31
　　【例題 3.1】　非線形システムの安定化制御（1） ……………………… 31
　　【例題 3.2】　非線形システムの安定化制御（2） ……………………… 35
　　【例題 3.3】　非線形システムの安定化制御（3） ……………………… 38

目　次

## 第4章　最短時間問題 … 41
- 【例題 4.1】　最速降下線 … 41
- 【例題 4.2】　加速・減速最短時間制御 … 44
- 【例題 4.3】　高度と速度を指定した最短時間上昇 … 47

## 第5章　時間を指定した状態量の最小化 … 51
- 【例題 5.1】　5秒後の $x_i^2$ 最小（入力制限なし）… 51
- 【例題 5.2】　5秒後の（$x_i^2$ + 積分 $[x_i^2]$）最小（入力制限なし）… 54
- 【例題 5.3】　5秒後の（$x_i^2$ + 積分 $[x_i^2+u^2]$）最小（入力制限なし）… 56
- 【例題 5.4】　5秒後の $x_i^2$ 最小（入力制限あり）… 58
- 【例題 5.5】　5秒後の（$x_i^2$ + 積分 $[x_i^2]$）最小（入力制限あり）… 60
- 【例題 5.6】　5秒後の（$x_i^2$ + 積分 $[x_i^2+u^2]$）最小（入力制限あり）… 62
- 【例題 5.7】　1秒間で最小エネルギの質点引き戻し … 64

## 第6章　位置を指定した運動問題 … 67
- 【例題 6.1】　飛翔体の最適航法 … 67
- 【例題 6.2】　2輪車両の車庫入れ（領域制限なし）… 76
- 【例題 6.3】　2輪車両の車庫入れ（領域制限あり）… 80
- 【例題 6.4】　2輪車両の縦列駐車 … 83
- 【例題 6.5】　走行クレーンの指定位置での振れ止め静止 … 86

## 第7章　位置と時間を指定した運動問題 … 91
- 【例題 7.1】　20秒後，指定高度にて水平速度を最大化 … 91
- 【例題 7.2】　2慣性共振系の時間指定の振動抑制（1）… 95
- 【例題 7.3】　2慣性共振系の時間指定の振動抑制（2）… 102
- 【例題 7.4】　単振り子の時間指定の振り上げ … 106
- 【例題 7.5】　倒立振子の時間指定の振り上げ … 113
- 【例題 7.6】　位置と時間を指定した旅客機の飛行運動 … 119
- 【例題 7.7】　位置と時間を指定したドローンの飛行運動 … 129

付録　本書で利用する解析ツール（参考）………………………… 141
  A.1　全　　般 …………………………………………………… 141
  A.2　第 2 章の例題のインプットデータ ……………………… 145
  A.3　第 3 章の例題のインプットデータ ……………………… 153
  A.4　第 4 章の例題のインプットデータ ……………………… 159
  A.5　第 5 章の例題のインプットデータ ……………………… 162
  A.6　第 6 章の例題のインプットデータ ……………………… 167
  A.7　第 7 章の例題のインプットデータ ……………………… 176

参考文献 ……………………………………………………………… 189

索　　引 ……………………………………………………………… 193

# 第1章　最適化問題とは

**線形制御**では，制御対象の運動の状態変数の情報を利用して，**評価関数**（**目的関数**ともいう）を最小にする意味で最適化する状態変数関数を入力に戻すことによって，運動状態を良好な状態に回復させるものであるが，このとき利用されるフィードバック制御入力は運動状態の連続関数であることが基本となっている．このように，線形制御の範囲内で制御を考えていると，例えば車の車庫入れや，倒立振子の振り上げのような切り返し操作などを伴う問題など，世の中に存在する多くの**非線形制御**問題には対応できない．また，制御問題だけではなく，ある変数からなる目的関数を最小とする変数を見いだす最適化問題も応用範囲が広く重要である．本章では，これらの最適化問題についてその概略を述べた後，非線形最適制御問題を簡単に解くことができる **KMAP（ケーマップ）ゲイン最適化法**について述べる．

## 1.1 最適化問題の分類

変数 $x$ がある制約条件の下で，目的関数 $f(x)$ が最小となる変数 $x$ の値を求める最適化問題は**数理計画法**と呼ばれている．目的関数および制約条件のすべてが線形の場合は**線形最適化問題**または**線形計画法**（LP：Linear Programming）といわれる．目的関数または制約条件のいずれかが非線形である場合は**非線形最適化問題**または**非線形計画法**（NLP：NonLinear Programming）といわれる．

非線形計画法のうち，目的関数が 2 次（非線形）で制約条件が線形の場合は **2次計画法**（QP：Quadratic Programming）といわれる．また，得られた近似解を**準ニュートン法**の原理を用いて各反復で 2 次計画法問題を解いて最適解に接近させる解法を**逐次 2 次計画法**（SQP：Successive Quadratic Programming）という．

一方，運動方程式で表されるシステムに対して，本書では 2 つの内容を取り上げる．1 つは，制御なしでは不安定な非線形システムをフィードバック制御に

より安定化する問題である．もう1つは，制御なしでも安定なシステムについて，評価関数を最小にする操作入力を求める**最適制御問題**である．このとき，初期条件と終端条件を指定した問題は**2点境界値問題**といわれる．対象となる運動方程式が線形の場合には**線形最適制御問題**，非線形の場合は**非線形最適制御問題**といわれる．なお，運動方程式は線形であっても，制約条件にかかっている場合は運動は非線形となる．これらの最適化問題について，以下簡単に説明する．

## 1.2 線形計画法（LP法）

線形計画法の問題は，シンプレックス法により大規模な問題も効率よく解くことができる．シンプレックス法の原理を次の例題にて述べる．

---

**例題 1.2.1　線形計画法の例**

いま，2変数 $x_1$, $x_2$ の場合を考える．目的関数 $f$ および制約条件を次のような線形関数のとき，シンプレックス法の原理を図で説明せよ．

目的関数　$f(x) = a_0 x_1 + b_0 x_2$　　制約条件 $\begin{cases} ① & a_1 x_1 + b_1 x_2 \leq c_1 \\ ② & a_2 x_1 + b_2 x_2 \leq c_2 \\ ③ & a_3 x_1 + b_3 x_2 \leq c_3 \end{cases}$

ただし，$x_1 \geq 0$, $x_2 \geq 0$ である．

---

目的関数 $f$ および制約条件は線形であるから，図 **1.2.1(a)** に示すように制約条件①，②，③を満足する領域は斜線部分（**実行可能領域**といわれる）となる．このとき，目的関数 $f$ を描くと，$f$ が最大となる点は実行可能領域の端点のみを調べればよく，これは直線 $f$ が黒丸の点 A に接するときであることがわかる．変数が2つの場合は，図 **1.2.1(a)** のような平面図を描くことができるが，変数の数が増えると制約条件を満足する領域は多次元空間における凸多面体となり難しくなる．シンプレックス法は，凸多面体の端点に対する目的関数 $f$ の値を効率よく見いだしていく手法である．

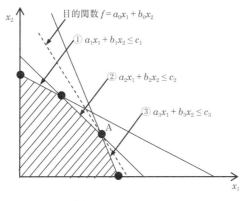

図 1.2.1(a)　シンプレックス法の原理

## 1.3　2次計画法（QP法）

2次計画法の問題は，目的関数が2次（非線形）で制約条件が線形の場合である．まず，制約条件が $g_i(x) = 0$ のような**等式制約条件**の場合の解き方を次の例題で述べる．

> **例題 1.3.1　2次計画法の例（1）— 等式制約条件**
>
> いま，2変数 $x_1$, $x_2$ の場合を考える．目的関数 $f$ を次の制約条件 $g$ のもとで最小化することを考える．
>
> $$f(x) = 3x_1^2 + 2x_2^2, \quad g(x) = 2x_1 + x_2 - 1 = 0 \tag{1}$$

この問題は，**ラグランジュ未定乗数法**によって次のように解くことができる．次式のラグランジュ関数 $L$ を考える．

$$L(x, \lambda) = f(x) + \lambda g(x) = 3x_1^2 + 2x_2^2 + \lambda(2x_1 + x_2 - 1) \tag{2}$$

このとき，

$$\begin{cases} \dfrac{\partial L}{\partial x_1} = 6x_1 + 2\lambda = 0 \\ \dfrac{\partial L}{\partial x_2} = 4x_2 + \lambda = 0 \\ g = 2x_1 + x_2 - 1 = 0 \end{cases} \tag{3}$$

(3)式は，$x_1$, $x_1$ および $\lambda$ に関する連立方程式であるので，これを解くと次式を得る．

$$x_1 = \frac{4}{11}, \quad x_2 = \frac{3}{11}, \quad \lambda = -\frac{12}{11} \tag{4}$$

次に，制約条件が $g_i(x) \leq 0$ のような**不等式制約条件**の場合の解き方を次の例題で述べる．

---

**例題 1.3.2　2次計画法の例（2）— 不等式制約条件**

2変数 $x_1 \geq 0$, $x_2 \geq 0$ の場合として，目的関数 $f$ を次の制約条件 $g_i$ のもとで最小化することを考える[22]．

$$f(x) = 0.5\{(x_1 - 8)^2 + (x_2 - 6)^2\} \tag{1}$$

$$\begin{cases} g_1(x) = 3x_1 + x_2 \leq 15 \\ g_2(x) = x_1 + 2x_2 \leq 10 \\ g_3(x) = x_1 + x_2 \geq 3 \end{cases} \tag{2}$$

---

この場合は等式制約条件のように，ラグランジュ未定乗数を一義的に決定できないが，以下に示す **KKT条件（カルーシュ・クーン・タッカー条件）** を利用することにより，下記のように解を導き出すことができる．

次式のラグランジュ関数 $L$ を考える．

$$\begin{aligned} L(x, \lambda) &= f(x) + \lambda_i g_i(x) \\ &= 0.5\{(x_1 - 8)^2 + (x_2 - 6)^2\} + \lambda_1(3x_1 + x_2 - 15) \\ &\quad + \lambda_2(x_1 + 2x_2 - 10) + \lambda_3(3 - x_1 - x_2) - \lambda_4 x_1 - \lambda_5 x_2 \end{aligned} \tag{3}$$

このとき，KKT条件は次のように表される．

$$\begin{cases} \dfrac{\partial L}{\partial x_1} = x_1 - 8 + 3\lambda_1 + \lambda_2 - \lambda_3 - \lambda_4 = 0 \\ \dfrac{\partial L}{\partial x_2} = x_2 - 6 + \lambda_1 + 2\lambda_2 - \lambda_3 - \lambda_5 = 0 \end{cases} \quad (4)$$

$$\begin{cases} \dfrac{\partial L}{\partial \lambda_1} = 3x_1 + x_2 - 15 \leq 0, \quad \dfrac{\partial L}{\partial \lambda_2} = x_1 + 2x_2 - 10 \leq 0 \\ \dfrac{\partial L}{\partial \lambda_3} = 3 - x_1 - x_2 \leq 0, \quad \dfrac{\partial L}{\partial \lambda_4} = -x_1 \leq 0 \\ \dfrac{\partial L}{\partial \lambda_5} = -x_2 \leq 0 \end{cases} \quad (5)$$

$$\begin{cases} \lambda_1 \dfrac{\partial L}{\partial \lambda_1} = \lambda_1(3x_1 + x_2 - 15) = 0 \\ \lambda_2 \dfrac{\partial L}{\partial \lambda_2} = \lambda_2(x_1 + 2x_2 - 10) = 0 \\ \lambda_3 \dfrac{\partial L}{\partial \lambda_3} = \lambda_3(3 - x_1 - x_2) = 0 \quad \textbf{(相補性条件)} \\ \lambda_4 \dfrac{\partial L}{\partial \lambda_4} = \lambda_4(-x_1) = 0 \\ \lambda_5 \dfrac{\partial L}{\partial \lambda_5} = \lambda_5(-x_2) = 0 \end{cases} \quad (6)$$

$$\lambda_1, \lambda_2, \lambda_3, \lambda_4, \lambda_5 \geq 0 \quad (7)$$

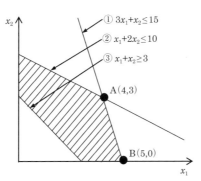

**図 1.3.2(a)** 実行可能領域（斜線部）

図 **1.3.2(a)** は，制約条件 $g_i$ の実行可能領域（斜線部分）を表したものである．ここで，端点 A(4,3) について考えると，相補性条件は次のようになる．

$$\lambda_1 \times 0 = 0, \quad \lambda_2 \times 0 = 0, \quad \lambda_3 \times (-4) = 0, \quad \lambda_4 \times (-4) = 0, \quad \lambda_5 \times (-3) = 0 \tag{8}$$

これから，次が得られる．

$$\lambda_3 = \lambda_4 = \lambda_5 = 0 \tag{9}$$

よって，(4)式より次が得られる．

$$\begin{cases} 3\lambda_1 + \lambda_2 = 4 \\ \lambda_1 + 2\lambda_2 = 3 \end{cases} \therefore \begin{cases} \lambda_1 = 1 \\ \lambda_2 = 1 \end{cases} \tag{10}$$

一方，端点 B(5,0) について考えると，相補性条件は次のようになる．

$$\lambda_1 \times 0 = 0, \quad \lambda_2 \times (-5) = 0, \quad \lambda_3 \times (-2) = 0, \quad \lambda_4 \times (-5) = 0, \quad \lambda_5 \times 0 = 0 \tag{11}$$

これから，次が得られる．

$$\lambda_2 = \lambda_3 = \lambda_4 = 0 \tag{12}$$

よって，(4)式より次が得られる．

$$\lambda_1 = 1 \geq 0, \quad \lambda_5 = -5 \leq 0 \tag{13}$$

KKT 条件は，(7)式から全ての未定乗数 $\lambda_i$ は正である必要があるので，端点 B(5,0) は KKT 条件を満足しないことがわかる．したがって，端点 A(4,3) が最適解である．このとき，目的関数は次のようになる．

$$f(x) = 0.5\{(4-8)^2 + (3-6)^2\} = 12.5 \tag{14}$$

なお，2次計画法で得られた近似解を，準ニュートン法の原理を用いて反復で2次計画法問題を解いて最適解に接近させる解法が逐次2次計画法である．

第2章では，KMAP ゲイン最適化法を用いるとこれらの数理計画法の問題を簡単に解くことができることを示す．

## 1.4 非線形システムのフィードバック安定化

運動方程式で表されるシステムに対して,制御なしでは不安定な非線形システムをフィードバック制御により安定化するのは簡単ではない.線形システムについては,特性方程式を解いて極の位置を調べることによって安定性を知ることができるが,非線形システムの場合はこの方法は使えない.実際に解軌道を調べるか,または**リアプノフ関数**の存在を示すことで解軌道の安定性を保証する必要がある.ここでは,不安定なシステムをフィードバック制御で安定化するゲインを求める方法を2つ,また安定であるが原点に収束させる方法を1つ紹介しておく.

### 例題 1.4.1　非線形システムの安定化制御（1）

次の非線形システム[28]

$$\begin{cases} \dot{x}_1 = 3x_2 + x_2^3 + u \\ \dot{x}_2 = x_1 + u \end{cases} \quad (1)$$

について $(x_1, x_2) = (1,1)$ から原点 $(0,0)$ に安定化させる制御則を求めよ.

(1)式の非線形システムは,制御なし ($u=0$) では非常に不安定なシステムである.図 **1.4.1(a)** は,状態変数の初期条件を $(x_1, x_2) = (1,1)$ としたときの制御なし ($u=0$) のシミュレーション結果である.1秒足らずで発散していることがわかる.

文献 28) では,このような不安定なシステムについて,$1.5e^{-t}$ よりも速く原点に収束させるフィードバック制御則を,2乗和計画により設計した結果として次式を得ている.

$$u = -1.643x_1 - 1.643x_2 - 0.08608x_1^3 - 0.0445x_1^2 x_2 - 0.1861x_1 x_2^2 - 0.4833x_2^3 \quad (2)$$

図 **1.4.1(b)** は,(2)式のフィードバックゲインを用いて,状態変数 $(x_1, x_2) = (1,1)$ から原点 $(0,0)$ に収束させるシミュレーション結果である.文献 28) では,$1.5e^{-t}$ よりも速く収束させるという目標で設計しており,その意味で設計

# 第1章 最適化問題とは

目的が達成されている．

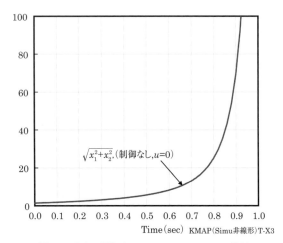

図 1.4.1(a)　制御なしのシミュレーション結果
(kOPT.17. 非線形最適制御則 2.Y180411.DAT)

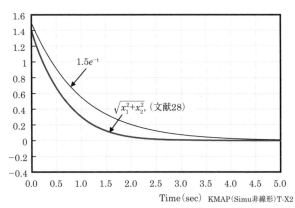

図 1.4.1(b)　シミュレーション結果の比較 [28]
(KOPT.17. 非線形最適制御則 1.Y180411.DAT)

## 1.4 非線形システムのフィードバック安定化

### 例題 1.4.2　非線形システムの安定化制御（2）

次の非線形システム[34]

$$\begin{cases} \dot{x}_1 = x_2 + u_2 \\ \dot{x}_2 = -x_1 - 4x_2 + x_1^3 \end{cases} \tag{1}$$

について $(x_1, x_2) = (5,5)$ から原点（0,0）に安定化させる制御則を求めよ．

（1）式の非線形システムは，制御なし（$u=0$）では非常に不安定なシステムである．図 1.4.2(a) は，状態変数の初期条件を $(x_1, x_2) = (5, 5)$ としたときの制御なし（$u=0$）のシミュレーション結果である．急激に発散していることがわかる．

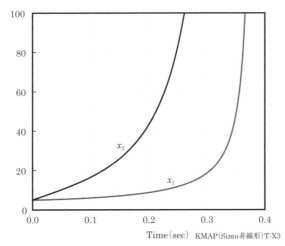

図 1.4.2(a)　制御なしのシミュレーション結果[34]
(KOPT.24.非線形制御則(2)3.Y180710.DAT)

文献 34）では，（1）式の状態変数 $x_2$ は測定できないとして，観測できない状態変数に変わる補助変数 $z$ を導入してシステムを次のように変形する．

$$\begin{cases} \dot{x}_1 = x_2 + u_2 \\ \dot{x}_2 = -x_1 - 4x_2 + x_1^3 \\ \dot{z} = u_1 \end{cases} \tag{2}$$

# 第1章 最適化問題とは

このとき，状態変数のノルムの2乗の応答特性を考慮することにより，不安定なシステムを原点に収束させるフィードバック制御則として次式を得ている．

$$\begin{cases} u_1 = -4z - x_1 + 2x_1^3 \\ u_2 = -4x_1 - z x_1^2 \end{cases} \tag{3}$$

この場合のシミュレーション結果は図 **1.4.2(b)** のようである．

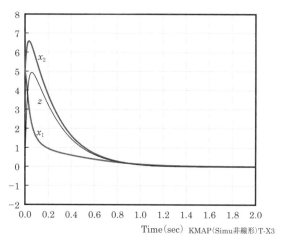

図 **1.4.2(b)** 文献のシミュレーション結果[34]
(KOPT.24. 非線形制御則(2)2.Y180710.DAT)

---

### 例題 1.4.3　非線形システムの安定化制御（3）

次の非線形システム[43]

$$\begin{cases} \dot{x}_1 = x_1^2 - x_1^3 + x_2 \\ \dot{x}_2 = u \end{cases} \tag{1}$$

について $(x_1, x_2) = (1,1)$ から原点 $(0,0)$ に安定化させる制御則を求めよ．

---

(1)式の非線形システムは，制御なし ($u=0$) では不安定ではないが，漸近安定 ($t \to \infty$ で原点 $(0,0)$ に到達) ではない．図 **1.4.3(a)** は，状態変数の初期条件を $(x_1, x_2) = (1,1)$ としたときの制御なし ($u=0$) のシミュレーション結果である．定常値は $(x_1, x_2) = (1.46, 1.0)$ となっている．

## 1.4 非線形システムのフィードバック安定化

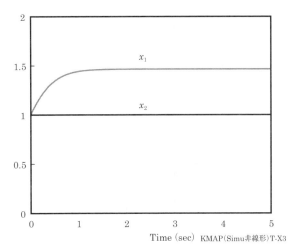

図 1.4.3(a) 制御なしのシミュレーション結果
(KOPT.31.非線形最適制御則(3)1.Y181212.DAT)

文献 43) では，例題として (1)式のシステムに対して**バックステッピング法**により原点 (0,0) に安定させるフィードバック制御則を得ている．その手順は次のようである．

新たな変数 $z$ を導入して，(1)式の $\dot{x}_1$ 式の右辺の $x_2$ を次のように仮定する．

$$x_2 = -x_1^2 - x_1 + z \tag{2}$$

$$\therefore \dot{x}_1 = -x_1 - x_1^3 + z \tag{3}$$

(2)式を変形すると

$$z = x_1 + x_1^2 + x_2 \tag{4}$$

$$\therefore \dot{z} = \dot{x}_1 + 2x_1\dot{x}_1 + \dot{x}_2 = (1 + 2x_1)\dot{x}_1 + \dot{x}_2 \tag{5}$$

ここで，(3)式の $\dot{x}_1$ および (1)式の $\dot{x}_2$ を代入すると，次のようになる．

$$\dot{z} = (1 + 2x_1)(-x_1 - x_1^3 + z) + u \tag{6}$$

ここで，**リアプノフ関数**の候補として，次式を考える．

$$V = \frac{x_1^2}{2} + \frac{z^2}{2} \tag{7}$$

これから，

第 1 章　最適化問題とは

$$\begin{aligned}\dot{V} &= x_1\dot{x}_1 + z\dot{z} \\ &= x_1(-x_1 - x_1^3 + z) + z\{(1+2x_1)(-x_1 - x_1^3 + z) + u\} \\ &= -x_1^2 - x_1^4 + z\{x_1 + (1+2x_1)(-x_1 - x_1^3 + z) + u\}\end{aligned} \tag{8}$$

ここで，入力 $u$ を次のように仮定する．

$$u = -x_1 - (1+2x_1)(-x_1 - x_1^3 + z) - z \tag{9}$$

このとき，(8)式は次のようになる．

$$\dot{V} = -x_1^2 - x_1^4 - z^2 \tag{10}$$

したがって，$V(0) = 0$ かつ $\dot{V} < 0$ であることから，(9)式の制御則を用いると $t \to \infty$ で原点 (0,0) に到達する，すなわち漸近安定である．

(9)式の制御則の $z$ に (4)式を代入すると，次のようになる．

$$u = -2x_1 - 2x_1^2 - x_1^3 + 2x_1^4 - 2x_2 - 2x_1 x_2 \tag{11}$$

図 **1.4.3(b)** は，(11)式のフィードバック制御則を用いて，(1)式の非線形システムを初期値 $(x_1, x_2) = (1,1)$ からシミュレーションした結果である．4秒程度で原点 (0,0) に到達していることがわかる．

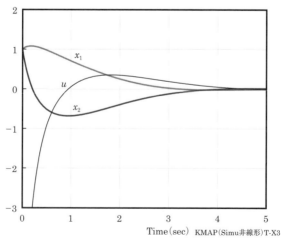

図 **1.4.3(b)**　制御なしのシミュレーション結果
（KOPT.31. 非線形最適制御則(3) 2.Y181212.DAT）

## 1.4 非線形システムのフィードバック安定化

ここで用いられたバックステッピング法とは，ある種の単純な制御則を繰り返し適用することにより安定化制御則を設計する方法で，不確定要素を含む非線形システムに対する設計手法として注目されている．しかし，その設計には試行錯誤的な要素があるため，ある程度の経験が必要である．

また，ここで用いられたリアプノフ関数による安定判別法は，次のようなものである．

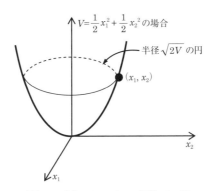

図 1.4.3(c)　リアプノフ関数 $V$ の例

図 1.4.3(c) は，リアプノフ関数 $V$ が $(x_1^2+x_1^2)/2$ の例を示したものである．$(x_1, x_2)$ の点は半径 $\sqrt{2V}$ の円上にあり，$V=0$ は原点 $(0,0)$ に対応する．図 1.4.3(d) は，リアプノフ関数の時間微分 $\dot{V}$ が半径 $\sqrt{2V}$ の円の法線ベクトル $\nabla V$ と解軌道の接線ベクトル $\dot{x}$ との内積で表されることを示している．角度 $\theta$ は，この 2 つのベクトルのなす角である．いま，$\dot{V}<0$ とすると $\cos\theta<0$ であるので，$90°<\theta<270°$ に対応する．これは，図 1.4.3(d) において解軌道が半径 $\sqrt{2V}$ の円内

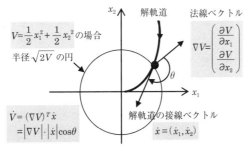

図 1.4.3(d)　リアプノフ関数 $V$ の時間微分の意味

に進むことを意味する．したがって，時間とともに解は原点 (0,0) に近づいていく，すなわち漸近安定であることがわかる．このように，リアプノフ関数による安定判別法は，実際の微分方程式を解くことなく，直接安定かどうかを判別できることから，ここで示した例のように，非線形システムのフィードバック制御則を設計する際にバックステッピング法とともに利用されている．

第3章では，KMAP ゲイン最適化法を用いるとこれらのフィードバック安定化問題を簡単に解くことができることを示す．

## 1.5 非線形最適制御

運動方程式などの微分方程式で表されるシステムに対して，評価関数を最小にする操作入力を求める問題が最適制御問題である．運動方程式が線形の場合には線形最適制御問題，非線形の場合は非線形最適制御問題といわれる．ここでは，主として非線形最適制御問題についてその概略を述べる．

### 1.5.1 変分法による解法

システムの状態変数ベクトル $x$ とその時間微分である $\dot{x}$ によってシステムの運動が記述されているとする．このとき，$t=t_0$ の初期条件および $t=t_f$ の終端条件

$$x(t_0) = x_0, \qquad x(t_f) = x_f \tag{1}$$

を満足し，次のような評価関数

$$J = \int_{t_0}^{t_f} f(x, \dot{x}) dt \tag{2}$$

を最小にする最適制御入力を見いだす問題が，非線形制御の典型的な問題である．

この種の例として最速降下線問題が大昔に研究された．オイラーとラグランジュは経路に沿った線積分の最小化問題として検討して，これが変分法へとつながった[4]．次の例題では，変分法の理解も兼ねて，最速降下線の解を変分法によって求めた例を参考に示す．

## 1.5 非線形最適制御

### 例題 1.5.1 最速降下線 ― 変分法による解

変分法の古典的問題である最速降下線を考える．2点ＡＢ間の摩擦のない滑り台で滑り落ちる場合，時間が最小となる曲線を変分法を用いて求めよ．

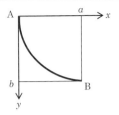

図 1.5.1(a) 最速降下線

図 1.5.1(b) に示すように，曲線を滑り落ちる質点の運動は，$y=0$ のとき速度 $v=0$ とすると次のように表される．

$$\frac{1}{2}mv^2 - mgy = 0 \tag{1}$$

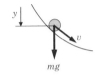

図 1.5.1(b) 質点運動

この式を $v$ について解くと次式を得る．

$$v = \sqrt{2gy} \tag{2}$$

一方，$y$ は $x$ の関数 $y(x)$ であり，導関数を $y'$ と書くと，速度 $v$ は次のように表される．

$$v = \sqrt{\left(\frac{dx}{dt}\right)^2 + \left(\frac{dy}{dt}\right)^2} = \sqrt{1+y'^2} \cdot \frac{dx}{dt} \tag{3}$$

したがって，(2)式と (3)式から次式が得られる．

$$\frac{dt}{dx} = \sqrt{\frac{1+y'^2}{2gy}} \tag{4}$$

この式を $x$ で 0 から $a$ まで積分すると B 点に達するまでの時間 $T$ が次のように得られる．

$$T = \frac{1}{\sqrt{2g}} \int_0^a \sqrt{\frac{1+y'^2}{y}} dx \quad \text{(評価関数)} \tag{5}$$

このとき，次の条件が成立する必要がある．

$$y(0) = 0, \qquad y(a) = b \tag{6}$$

いま，(5)式の被積分関数を次式とおく．

$$F = \sqrt{\frac{1 + y'^2}{y}} \tag{7}$$

この式の積分の最小値は，変分法から次式の**オイラーの微分方程式**を解くことによって得られる．

$$\frac{\partial F}{\partial y} - \frac{d}{dx}\left(\frac{\partial F}{\partial y'}\right) = 0 \tag{8}$$

(7)式を(8)式に代入すると次式が得られる．

$$-\frac{1}{2}\sqrt{\frac{1+y'^2}{y^3}} - \frac{d}{dx}\left[\frac{y'}{\sqrt{y(1+y'^2)}}\right] = -\frac{y'(1 + y'^2 + 2yy'')}{2\{y(1+y'^2)\}^{3/2}} = 0 \tag{9}$$

$F$ が $x$ を陽に含んでいないので，オイラーの微分方程式で得られた式は，次式を $x$ で微分したものに等しくなることが知られている．

$$F - y'F_{y'} = \sqrt{\frac{1+y'^2}{y}} - \frac{y'^2}{\sqrt{y(1+y'^2)}} = \frac{1}{\sqrt{y(1+y'^2)}} \tag{10}$$

実際にこの式を $x$ で微分すると次式を得る．

$$\frac{d}{dx}(F - y'F_{y'}) = \frac{d}{dx}\left(\frac{1}{\sqrt{y(1+y'^2)}}\right) = -\frac{y'(1 + y'^2 + 2yy'')}{2\{y(1+y'^2)\}^{3/2}} \tag{11}$$

すなわち，(8)式の左辺は(10)式を $x$ で微分したものに等しくなっていることがわかる．したがって，(9)式と(11)式から次式を得る．

$$\frac{d}{dx}\left(\frac{1}{\sqrt{y(1+y'^2)}}\right) = 0, \quad \therefore \frac{1}{\sqrt{y(1+y'^2)}} = \frac{1}{\sqrt{2c}} \quad (c \text{ は定数}) \tag{12}$$

この式から次の関係式を得る．

$$y = \frac{2c}{1+y'^2}, \quad y'^2 = \frac{2c}{y} - 1 \tag{13}$$

ここで，次の新しい変数 $t$ を導入する．

$$y' = \cot t, \quad \therefore y = \frac{2c}{1+\cot^2 t} = 2c\sin^2 t = c(1-\cos 2t) \tag{14}$$

$$\therefore dy = 4c\sin t \cos t \, dt \tag{15}$$

したがって，(14)式から $x$ が次のように得られる．

$$x = \int dx = \int \frac{dy}{y'} = 4c\int \sin^2 t \, dt = c\int (2-2\cos 2t)\, dt = c(2t - \sin 2t) \tag{16}$$

ここで，$\theta = 2t$ とおくと次式を得る．

$$x = c(\theta - \sin\theta), \quad y = c(1-\cos\theta) \tag{17}$$

この曲線は**サイクロイド曲線**といわれる．

(6)式の境界条件を満たすサイクロイド曲線は次のように得られる．まず，$c=1$ と仮定してサイクロイド曲線 $\Gamma_1$ を描き，$y=(b/a)x$ の直線との交点を $(a_1, b_1)$ とすると，$c = a/a_1 = b/b_1$ から求められる．サイクロイド曲線の例を図 **1.5.1(c)** に示す．

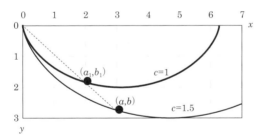

図 **1.5.1（c）** サイクロイド曲線

## 1.5.2　一般の最適制御問題の解法

系の運動方程式は次式とする．

$$\dot{x} = f(x, u, t) \tag{1}$$

この運動に課せられる条件を次とする．

$$\begin{cases} C(x, u, t) = 0 & \text{(付帯条件)} \\ x(t_0) = x_0 & \text{(初期条件)} \\ \psi[x(t_f), t_f] = x(t_f) - x_f = 0 & \text{(終端条件)} \end{cases} \tag{2}$$

17

このとき，次式で表される評価関数

$$J(u) = \phi[x(t_f), t_f] + \int_{t_0}^{t_f} L(x, u, t)\, dt \tag{3}$$

を最小にする制御量 $u(t)$ を求める．

いま，ラグランジュの未定乗数 $\lambda(t)$，$\rho(t)$ を用いて次式を考える．

$$L^* = L(x, u, t) + \lambda^T(t) \cdot (f - \dot{x}) + \rho^T(t) \cdot C(x, u, t) \tag{4}$$

さらに，終端条件についてラグランジュの未定乗数 $\nu$ を用いて評価関数に組み込む．

$$J^*(x, u, \lambda, \rho, \nu) = \phi[x(t_f), t_f] + \nu^T \psi[x(t_f), t_f] + \int_{t_0}^{t_f} L^* dt \tag{5}$$

ここで，次式で定義される**ハミルトニアン** $H$ を導入する．

$$H = L(x, u, t) + \lambda^T(t) \cdot f + \rho^T(t) \cdot C(x, u, t) \tag{6}$$

これを用いると，$L^*$ は次のように表される．

$$L^* = H - \lambda^T(t) \cdot \dot{x} \tag{7}$$

このとき，評価関数を停留する条件として，オイラーの微分方程式より次のように得られる．

$$\frac{\partial L^*}{\partial x} - \frac{d}{dt}\left(\frac{\partial L^*}{\partial \dot{x}}\right) = \frac{\partial H}{\partial x} + \dot{\lambda}^T = 0, \quad \therefore \dot{\lambda}^T = -\frac{\partial H}{\partial x} \tag{8}$$

$$\frac{\partial L^*}{\partial u} - \frac{d}{dt}\left(\frac{\partial L^*}{\partial \dot{u}}\right) = \frac{\partial H}{\partial u} = 0, \quad \therefore \frac{\partial H}{\partial u} = 0 \tag{9}$$

$$\frac{\partial L^*}{\partial \lambda} - \frac{d}{dt}\left(\frac{\partial L^*}{\partial \dot{\lambda}}\right) = \frac{\partial H}{\partial \lambda} - \dot{x}^T = 0, \quad \therefore \dot{x}^T = \frac{\partial H}{\partial \lambda} \tag{10}$$

ここで，停留条件は次のようにまとめられる．

$$\dot{\lambda} = -\left(\frac{\partial H}{\partial x}\right)^T \quad （未定乗数 \lambda の n 個の 1 階微分方程式） \tag{11a}$$

$$\frac{\partial H}{\partial u} = 0 \quad （制御入力の最適性の m 個の代数方程式） \tag{11b}$$

$$\dot{x} = \left(\frac{\partial H}{\partial \lambda}\right)^T = f \quad （運動方程式の n 個の 1 階微分方程式） \tag{11c}$$

## 1.5 非線形最適制御

$$C(x,u,t) = 0 \quad (\text{等式拘束条件}) \tag{11d}$$

$$\psi[x(t_f),t_f] = 0 \quad (\text{終端条件}) \tag{11e}$$

$$\lambda^T(t_f) = \left(\frac{\partial \phi}{\partial x} + \nu^T \frac{\partial \psi}{\partial x}\right)_{t=t_f} = \left(\frac{\partial \phi}{\partial x} + \nu^T\right)_{t=t_f} \quad (\lambda \text{ の終端条件}) \tag{11f}$$

$$\left[H + \frac{\partial \phi}{\partial t}\right]_{t=t_f} = 0 \quad (\text{終端時刻 } t_f \text{ が自由のとき}) \tag{11g}$$

なお，(11f)式の右辺第2項は次の関係式による．

$$\psi = \begin{bmatrix} x_1(t)-x_{1f} \\ x_2(t)-x_{2f} \\ \vdots \\ x_q(t)-x_{qf} \end{bmatrix}, \quad \therefore \frac{\partial \psi}{\partial x} = \begin{bmatrix} 1 & 0 & 0 \\ 0 & 1 & 0 \\ \vdots & & \ddots \\ 0 & 0 & \cdots & 1 \end{bmatrix}, \quad \therefore \nu^T \frac{\partial \psi}{\partial x} = [\nu_1, \nu_2, \cdots, \nu_q] \tag{12}$$

---

**例題 1.5.2　最速降下線 ― 最適制御問題による解**

例題 1.5.1 と同じ最速降下線について，滑り落ちる時間が最小となる曲線を，終端状態量拘束の最適制御問題として求めよ．

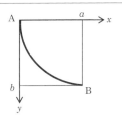

図 1.5.2(a)　最速降下線

---

図 1.5.2(b) に示すように，曲線を滑り落ちる速度 $v$ は次式である．

$$v = \sqrt{2gy} \tag{1}$$

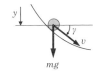

図 1.5.2 (b)　経路角 $\gamma$

したがって，運動方程式は次のように与えられる．

$$\begin{bmatrix} \dot{x} \\ \dot{y} \end{bmatrix} = f = \begin{bmatrix} \sqrt{2gy} \cdot \cos\gamma \\ \sqrt{2gy} \cdot \sin\gamma \end{bmatrix} \quad (\gamma \text{ は制御入力}) \tag{2}$$

初期条件，終端拘束条件および評価関数は次式である．

$$x(0) = 0, \quad y(0) = 0 \quad \text{（初期条件）} \tag{3}$$

$$\psi = \begin{bmatrix} x(t) - l \\ y(t) - h \end{bmatrix}_{t=t_f} = \begin{bmatrix} 0 \\ 0 \end{bmatrix} \quad \text{（終端拘束条件）} \tag{4}$$

$$J = \int_0^{t_f} dt = t_f, \quad (\phi = 0, \ L = 1) \quad \text{（評価関数）} \tag{5}$$

終端状態量拘束問題であるから，評価関数を次式で拡張する．

$$J^* = \left[ \nu^T \psi \right]_{t=t_f} + \int_0^{t_f} L^* dt, \quad L^* = 1 + \lambda^T \left( f - \begin{bmatrix} \dot{x} \\ \dot{y} \end{bmatrix} \right) \tag{6}$$

ここで，$\nu^T = \begin{bmatrix} \nu_x & \nu_y \end{bmatrix}$，$\lambda^T = \begin{bmatrix} \lambda_x & \lambda_y \end{bmatrix}$はラグランジュの未定乗数である．ハミルトニアンは次式で表される．

$$H = L + \lambda^T f = 1 + \lambda_x \sqrt{2gy} \cdot \cos\gamma + \lambda_y \sqrt{2gy} \cdot \sin\gamma \tag{7}$$

これを用いると，$L^*$は次のように表される．

$$L^* = H - \lambda^T(t) \cdot \begin{bmatrix} \dot{x} \\ \dot{y} \end{bmatrix} \tag{8}$$

したがって，オイラーの微分方程式より停留条件は次のようになる．
〈未定乗数$\lambda$の1階微分方程式〉

$$\dot{\lambda}_x = -H_x^T = 0, \quad \dot{\lambda}_y = -H_y^T = -(\lambda_x \cos\gamma + \lambda_y \sin\gamma)\sqrt{\frac{g}{2y}} \tag{9a}$$

〈制御入力の最適性の代数方程式〉

$$H_\gamma = -\lambda_x \sqrt{2gy} \cdot \sin\gamma + \lambda_y \sqrt{2gy} \cdot \cos\gamma = 0 \tag{9b}$$

〈運動方程式の1階微分方程式〉

$$\dot{x} = H_{\lambda_x} = \sqrt{2gy} \cdot \cos\gamma, \quad \dot{y} = H_{\lambda_y} = \sqrt{2gy} \cdot \sin\gamma \tag{9c}$$

〈状態量初期条件〉

$$x(0) = 0, \quad y(0) = 0 \tag{9d}$$

〈状態量終端条件〉

$$\psi = \begin{bmatrix} x(t) - l \\ y(t) - h \end{bmatrix}_{t=t_f} = \begin{bmatrix} 0 \\ 0 \end{bmatrix} \tag{9e}$$

⟨未定乗数 $\lambda$ の終端条件⟩

$$\lambda_x(t_f) = v_x, \quad \lambda_y(t_f) = v_y \tag{9f}$$

⟨終端時刻 $t_f$ が自由(未知)の場合⟩

$$\left[H\right]_{t=t_f} = 0 \tag{9g}$$

ここで,$H$ は $t$ を陽に含まないから最適軌道上で $H=$ 一定となるため,(9g)式は終端時刻だけではなく,全ての時刻において次式が成り立つ.

$$H = 1 + \lambda_x \sqrt{2gy} \cdot \cos\gamma + \lambda_y \sqrt{2gy} \cdot \sin\gamma = 0 \tag{9h}$$

上記各条件式を用いて解くには以下のように行う.まず,(9b)式から制御入力 $\gamma$ を求める.

$$\boxed{\tan\gamma = \frac{\lambda_y}{\lambda_x}}, \quad (ただし,図 1.5.2 (b) から -\frac{\pi}{2} \leq \gamma \leq \frac{\pi}{2}) \tag{10}$$

(9b)式と(9h)式から次式が得られる.

$$\lambda_x = -\frac{\cos\gamma}{\sqrt{2gy}} < 0, \quad \lambda_y = -\frac{\sin\gamma}{\sqrt{2gy}}, \quad \therefore \lambda_x^2 + \lambda_y^2 = \frac{1}{2gy} \tag{11}$$

(9a)式と(9h)式から次式が得られる.

$$\dot{\lambda}_x = 0, \quad \dot{\lambda}_y = \frac{1}{2y} = g(\lambda_x^2 + \lambda_y^2) \tag{12}$$

$\lambda_x (<0)$ は定数であるので,(9f)式の $v_x = \lambda_x(t_f)$ を改めて $-v_x (v_x > 0)$ とおくと次のようになる.

$$\lambda_x = -v_x, \quad \therefore \dot{\lambda}_y = \frac{1}{2y} = g\left(v_x^2 + \lambda_y^2\right), \quad \therefore \frac{d\lambda_y}{v_x^2 + \lambda_y^2} = g\,dt \tag{13}$$

したがって,(13)式を積分すると次式が得られる.

$$\int \frac{1}{v_x^2 + \lambda_y^2} d\lambda_y = g \int dt, \quad \therefore \frac{1}{v_x} \tan^{-1}\frac{\lambda_y}{v_x} = gt + c' \tag{14}$$

$$\therefore \lambda_y = v_x \tan(v_x gt + c) \tag{15}$$

この式を(13)式に代入すると,次の関係式が得られる.

第 1 章　最適化問題とは

$$\frac{1}{2gy} = v_x^2 + \lambda_y^2 = v_x^2 \left\{ 1 + \tan^2(v_x g t + c) \right\} = \frac{v_x^2}{\cos^2(v_x g t + c)} \tag{16}$$

次に運動方程式を考える．(11)式を (9c)式に代入し，(13)式，(15)式および(16)式を用いると次式を得る．

$$\begin{cases} \dot{x} = -2gy\lambda_x = -\dfrac{\cos^2(v_x g t + c)}{v_x^2} \cdot (-v_x) = \dfrac{1}{2v_x} \left\{ 1 + \cos 2(v_x g t + c) \right\} \\ \dot{y} = -2gy\lambda_y = -\dfrac{\cos^2(v_x g t + c)}{v_x^2} \cdot v_x \tan(v_x g t + c) = -\dfrac{1}{2v_x} \sin 2(v_x g t + c) \end{cases} \tag{17}$$

積分すると，次式が得られる．

$$\begin{cases} x = \dfrac{1}{2v_x} \left[ t + \dfrac{\sin 2(v_x g t + c)}{2v_x g} \right] + c_1 \\ y = \dfrac{\cos 2(v_x g t + c)}{4v_x^2 g} + c_2' = \dfrac{\cos^2(v_x g t + c)}{2v_x^2 g} + c_2 \end{cases} \tag{18}$$

ここで，初期条件 (9d)式を考慮すると，次の関係式が得られる．

$$\frac{\sin 2c}{4v_x^2 g} + c_1 = 0, \quad \frac{\cos^2 c}{2v_x^2 g} + c_2 = 0 \tag{19}$$

次式の関係を用いると，(19)式を満足する．

$$c_1 = c_2 = 0, \quad c = \pm \pi/2 \tag{20}$$

この式を用いると，(18)式は次のようになる．

$$x = \frac{1}{2v_x} \left[ t - \frac{\sin(2v_x g t)}{2v_x g} \right], \quad y = \frac{\sin^2(v_x g t)}{2v_x^2 g} \tag{21}$$

あと残された未知数は $v_x$ および $t_f$ である．これらは，(9e)式の終端条件により決める．(21)式を用いて，(9e)式を作ると次のようになる．

$$\frac{1}{2v_x^2 g} \left[ v_x g t_f - \frac{\sin(2v_x g t_f)}{2} \right] = l, \quad \frac{\sin^2(v_x g t_f)}{2v_x^2 g} = h \tag{22}$$

ここで，簡単のため次の新しい変数を定義する．

$$\tau_f = v_x g t_f \tag{23}$$

このとき，(22)式から次式を得る．

$$\frac{\sin^2 \tau_f}{\tau_f - \sin\tau_f \cos\tau_f} = \frac{h}{l} \tag{24}$$

この式により，与えられた $l$ および $h$ に対して $\tau_f$ が決定される．
また，(22)式の第2式および(23)式から次が得られる．

$$v_x = \frac{\sin\tau_f}{\sqrt{2gh}}, \quad \therefore t_f = \frac{\tau_f}{v_x g} = \sqrt{\frac{2h}{g}} \cdot \frac{\tau_f}{\sin\tau_f} \tag{25}$$

さて，最速降下線の最適軌道を実現する制御入力は (10) 式で与えられるが，その式に (13) 式，(15) 式，(20) 式を代入すると次式を得る．

$$\tan\gamma = \frac{\lambda_y}{\lambda_x} = \frac{v_x \tan(v_x g t \pm \pi/2)}{-v_x} = \tan(-v_x g t \mp \pi/2) \tag{26}$$

ここで，$-\pi/2 \le \gamma \le \pi/2$ であることを考慮すると，(26)式から次の関係式が得られる．

$$\boxed{\gamma = \frac{\pi}{2} - v_x g t}, \quad \therefore \gamma(t_f) = \frac{\pi}{2} - \tau_f \tag{27}$$

第4章以降では，KMAP ゲイン最適化法を用いるとこれらの最適制御問題を簡単に解くことができることを示す．

## 1.6 本書で利用する解析法

上記の例題からわかるように，数理計画法，非線形な不安定システムのフィードバック安定化，2点境界値問題などの非線形最適制御問題の解を得るのは簡単ではない．これに対して，本書で利用する KMAP ゲイン最適化法は，これらの最適化問題を簡単に解くことができる．この KMAP ゲイン最適化法とはどういうものなのか概略を説明する．

図 1.6(a) は，一般の非線形最適化法と KMAP ゲイン最適化法を比較したものである．一般の非線形最適化法では，対象とするシステムに対して，変数の制約条件や評価関数を決定した後，2次計画法の問題であればシンプレックス法やラグランジュ法など，制御問題であれば非線形ダイナミクスに対して2点境界値問題の理論等を用いて解を見いだしていくものである．いずれも難しい理論に基づいて解を導出する手順を正確に実行していく必要があり労力のいる作業である．

第1章　最適化問題とは

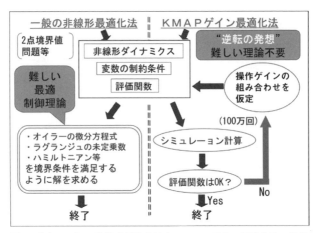

図1.6(a)　一般の非線形最適化法とKMAPゲイン最適化法の比較

　これに対して，KMAPゲイン最適化法は非常に単純な方法で，難しい理論は不要である．2点境界値問題で説明すると，対象とするダイナミクスに対して求めたい操作入力を直接見いだす方法であり簡単である．まず最初に，操作入力を乱数を用いて時間関数として仮定する．次にこの操作入力を用いて，システムのダイナミクスを初期条件から終端時間まで時間積分（シミュレーション）する．その結果，終端条件を満足するかどうかを判断して満足するケースをとりだして，このときの評価関数を計算する．この操作を繰り返して，評価関数が最も小さくなるケースを探索するいわゆる**モンテカルロ法**である．ダイナミクスの特性を直接評価できるので，評価関数として設定する目標性能を柔軟に指定できるのも強みである．

　KMAPゲイン最適化法の特徴は，一般の非線形最適化の方法とは異なり，最初に解を仮定してしまう点にある．これは一種の"逆転の発想"で，非常に単純な作業の繰り返しであるが，難しい制御理論なしに確実に解にたどり着くことが確認されている．最適化の繰り返し計算は数十万～1億回行う（問題により異なる）が，普通のパソコンで，10秒～15分（問題により異なる）で計算が終了する．この方法は，熟練した操作員が繰り返しながら少しずつ目標の性能を達成していくのに似ており，非常に難しい問題に対処する自然な方法のように感じられる．

　第2章以降，具体的な問題について，KMAPゲイン最適化法により簡単に解くことができることを示す．

# 第 2 章　数理計画法問題

　第1章で説明したように，変数 $x$ がある制約条件の下で，目的関数 $f$ が最小となる変数 $x$ の値を求めるような問題は数理計画法と呼ばれている．特に，目的関数が2次で制約条件が線形の場合は2次計画法問題といわれる．この種の問題は，シンプレックス法やラグランジュ未定乗数法などで解くことができるが，いずれも簡単ではない．そこで，本章では KMAP ゲイン最適化法を用いて，これらの最適化問題の解が簡単に得られることを例題によって示す．

### 例題 2.1　目的関数2次，制約条件線形の最小化（2次計画法）[4)]

目的関数が次のような2次の非線形関数

$$f = \frac{1}{2}x^T Q x + c^T x = 2x_1^2 - 2x_1 x_2 + 2x_2^2 - 6x_1 \tag{1}$$

を考える．変数 $x_1$, $x_2$ が次の線形不等号制約条件

$$\begin{cases} 3x_1 + 4x_2 \leq 6 \\ -x_1 + 4x_2 \leq 2 \\ x_1 \geq 0, \quad x_2 \geq 0 \end{cases} \tag{2}$$

のもとで，関数 $f$ を最小とする $x_1$, $x_2$ を求めよ．

　これは，目的関数が2次（非線形）で不等式制約条件が線形の場合である．この種の問題は，第1章に示したように，ラグランジュ未定乗数法で解くことができるが簡単できない．ここでは，KMAP ゲイン最適化法を用いると簡単に解を求めることができることを示す．この方法は，乱数を用いて，変数 $x_1$ および $x_2$ の組み合わせを仮定する．このとき，(2)式の制約条件を満足しないものは除外して，(1)式の目的関数 $f$ を最小化する値を探索していく，いわゆるモンテカルロ法である．難しい理論は不要であり，簡単に解を得ることができる．このと

第 2 章　数理計画法問題

きの探索状況を図 2.1(a) に示す．探索回数は 1 億回実施したが，計算に要した時間は普通のパソコンで 10 秒程度である．ただし，実際に評価関数が最小値に達したのは 2,200 万回目であった．なお，文献 4) の結果との比較を表 2.1(a) に示すが，精度よく解が得られていることがわかる．また，制約条件の結果を表 2.1(b) に示すが，条件を満足していることが確認できる

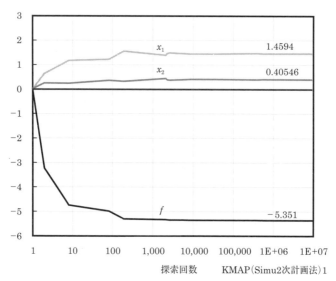

図 2.1(a)　2 次計画問題（KMAP 最適化法）
(KOPT.15.2 次計画法の例題 1.Y180314.DAT)

表 2.1(a)　2 次計画問題の解比較

| 変数 | 文献 4) の結果 | KMAP 法の結果 |
|---|---|---|
| $x_1$ | 1.459 | 1.4594 |
| $x_2$ | 0.4054 | 0.40546 |

表 2.1(b)　制約条件の結果

| 制約条件 | KMAP 法の結果 |
|---|---|
| $3x_1 + 4x_2 \leq 6$ | 6.000 |
| $-x_1 + 4x_2 \leq 2$ | 0.1624 |
| $x_1 \geq 0$ | 1.459 |
| $x_2 \geq 0$ | 0.4055 |

### 例題 2.2　目的関数 2 次，制約条件 2 次の最小化問題[12]

次の 2 次の目的関数（Rosen and Suzuki）

$$f = -5(x_1 + x_2) - 7(3x_3 - x_4) + x_1^2 + x_2^2 + 2x_3^2 + x_4^2 \tag{1}$$

を考える．変数 $x_1 \sim x_4$ が次の 2 次の不等式制約条件

$$\begin{cases} x_1^2 + x_2^2 + x_3^2 + x_4^2 + x_1 - x_2 + x_3 - x_4 \le 8 \\ x_1^2 + 2x_2^2 + x_3^2 + 2x_4^2 - x_1 - x_4 \le 10 \\ 2x_1^2 + x_2^2 + x_3^2 + 2x_1 - x_2 - x_4 \le 5 \end{cases} \tag{2}$$

のもとで，関数 $f$ を最小とする $x_1 \sim x_4$ を求めよ．

これは，文献 12) の例題で，目的関数が 2 次，制約条件も 2 次の 4 つの状態変数による最小化問題である．この問題を KMAP ゲイン最適化法で解いてみる．

KMAP ゲイン最適化法では，乱数を用いて変数 $x_1 \sim x_4$ の組み合わせを仮定する．このとき，(2)式の制約条件を満足しないものは除外して，(1)式の目的関

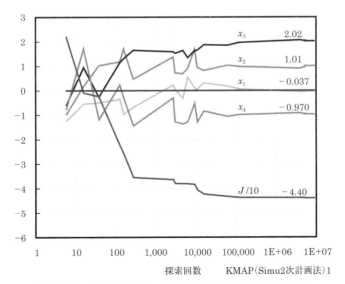

図 2.2(a)　目的関数 2 次，制約条件 2 次（KMAP 最適化法）
(KOPT.15.2 次計画法の例題 2.Y180314.DAT)

## 第 2 章　数理計画法問題

数 $f$ を最小化する値を探索していく．このときの探索状況を図 **2.2(a)** に示す．探索回数は 1 億回実施したが，計算に要した時間は普通のパソコンで 10 秒程度である．文献 12) の結果との比較を表 **2.2(a)** に示すが，このかなり複雑な問題に対して誤差 2～3% の精度で解が得られていることがわかる．また，制約条件の結果を表 **2.2(b)** に示すが，条件を満足していることが確認できる．

表 2.2(a)　目的関数 2 次，制約条件 2 次の解比較

| 変数 | 文献 12) の結果 | KMAP 法の結果 |
|---|---|---|
| $x_1$ | 0.0 | $-0.037$ |
| $x_2$ | 1.0 | 1.01 |
| $x_3$ | 2.0 | 2.02 |
| $x_4$ | $-1.0$ | $-0.970$ |
| $f$ | $-44.0$ | $-44.0$ |

表 2.2(b)　制約条件の結果

| 制約条件 | KMAP 法の結果 |
|---|---|
| $x_1^2 + x_2^2 + x_3^2 + x_4^2 + x_1 - x_2 + x_3 - x_4 \leq 8$ | 7.999 |
| $x_1^2 + 2x_2^2 + x_3^2 + 2x_4^2 - x_1 - x_4 \leq 10$ | 9.024 |
| $2x_1^2 + x_2^2 + x_3^2 + 2x_1 - x_2 - x_4 \leq 5$ | 5.000 |

### 例題 2.3　目的関数 1 次，制約条件 1 次と 2 次の最小化問題[12]

次の 2 次の目的関数（Pierre）

$$f = -x_2 \tag{1}$$

を考える．変数 $x_1 \sim x_3$ が次の 2 次の等式・不等式制約条件

$$\begin{cases} -x_1 + 2x_2 \leq 1 \\ x_1^2 + x_2^2 + x_3^2 = 1 \end{cases} \tag{2}$$

のもとで，関数 $f$ を最小とする $x_1 \sim x_3$ を求めよ．

これは，文献 12) の例題で，目的関数が 1 次，制約条件は 1 次の不等号と 2 次の等式条件による最小化問題である．この問題を KMAP ゲイン最適化法で解いてみる．

KMAP ゲイン最適化法では，乱数を用いて変数 $x_1 \sim x_3$ の組み合わせを仮定する．このとき，(2)式の制約条件を満足しないものは除外して，(1)式の目的関数 $f$ を最小化する値を探索していく．このときの探索状況を図 2.3(a) に示す．探索回数は 1 億回実施したが，計算に要した時間は普通のパソコンで 10 秒程度

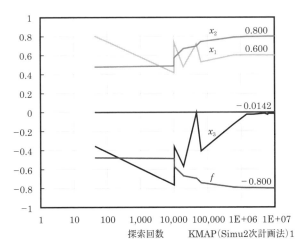

図 2.3(a)　目的関数 1 次, 制約条件 1 次と 2 次（KMAP 最適化法）
(KOPT.15.2 次計画法の例題 3.Y180314.DAT)

である.文献 12) の結果との比較を表 2.3(a) に示すが,よい精度で解が得られていることがわかる.また,制約条件の結果を表 2.3(b) に示すが,条件を満足していることが確認できる.

表 2.3(a) 目的関数 1 次,制約条件 1 次と 2 次の解比較

| 変数 | 文献 12) の結果 | KMAP 法の結果 |
|---|---|---|
| $x_1$ | 0.6 | 0.600 |
| $x_2$ | 0.8 | 0.800 |
| $x_3$ | 0.0 | $-0.0142$ |
| $f$ | $-0.8$ | $-0.800$ |

表 2.3(b) 制約条件の結果

| 制約条件 | KMAP 法の結果 |
|---|---|
| $-x_1 + 2x_2 \leq 1$ | 0.9999 |
| $x_1^2 + x_2^2 + x_3^2 = 1$ | 1.0005 |

# 第3章 非線形システムのフィードバック安定化

第1章で説明したように,制御なしでは不安定な非線形ダイナミクスを有するシステムについて,フィードバックにより安定化する制御則を設計するのは簡単ではない.そこで,本章ではKMAPゲイン最適化法を用いて,これらのフィードバックゲインが簡単に得られることを例題によって示す.

### 例題 3.1　非線形システムの安定化制御（1）

次の非線形システム[28)]

$$\begin{cases} \dot{x}_1 = 3x_2 + x_2^3 + u \\ \dot{x}_2 = x_1 + u \end{cases} \tag{1}$$

について $(x_1, x_2) = (1, 1)$ から原点 $(0, 0)$ に安定化させる制御則を求めよ.

これは,例題1.4.1で一般的な非線形解析の方法として,文献28)の結果を紹介したものである.ここでは,この問題はKMAPゲイン最適化法を用いると簡単に解くことができることを示す.

(1)式の非線形システムは図**1.4.1(a)** に示したように,制御なし($u=0$)では非常に不安定なシステムである.文献28)では,このような不安定なシステムを,$1.5e^{-t}$ よりも速く原点に収束させるフィードバック制御則として次式を得ている.

$$u = -1.643x_1 - 1.643x_2 - 0.08608x_1^3 - 0.0445x_1^2 x_2 - 0.1861x_1 x_2^2 - 0.4833x_2^3 \tag{2}$$

そこで,ここでは(1)式の不安定システムを文献28)の制御則の構造と同じと仮定して,次式のフィードバックゲインをKMAPゲイン最適化により求める.

$$u = K_1 x_1 + K_2 x_2 + K_3 x_1^3 + K_4 x_1^2 x_2 + K_5 x_1 x_2^2 + K_6 x_2^3 \tag{3}$$

## 第3章 非線形システムのフィードバック安定化

具体的には,ゲイン $K_1 \sim K_2$ を乱数により組み合わせ解を仮定して,(1)式のシミュレーション計算を行う.評価関数としては,5秒後の状態変数 $\sqrt{x_1^2 + x_2^2}$ の値が小さくなるように探索を繰り返す.このときのフィードバックゲインと評価関数の探索状況を図 3.1(a) に示す.

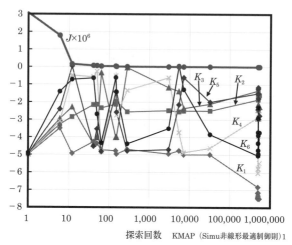

図 3.1(a)　フィードバックゲイン探索状況

探索回数は 100 万回であるが,計算に要した時間は普通のパソコンで 40 秒程度である.ただし,実際に評価関数が最小値に達したのは 54 万回目であった.図 3.1(a) から,評価関数 $J$ は最初の 10 回目ほどで急速に小さな値になることがわかる.これから,フィードバックゲインの組み合わせの候補も多数あることがわかる.表 3.1(a) は,得られたフィードバックゲインの値を文献 28) の結果と比較したものであるが,KMAP ゲイン最適化法による結果はかなりゲインが高いことがわかる.

表3.1(a)　フィードバックゲイン比較

| 変数 | 文献28)の結果 | KMAP法の結果 |
|---|---|---|
| $K_1$ | $-1.643$ | $-7.48$ |
| $K_2$ | $-1.643$ | $-1.60$ |
| $K_3$ | $-0.08608$ | $-2.24$ |
| $K_4$ | $-0.0445$ | $-5.46$ |
| $K_5$ | $-0.1861$ | $-2.75$ |
| $K_6$ | $-0.4833$ | $-3.73$ |

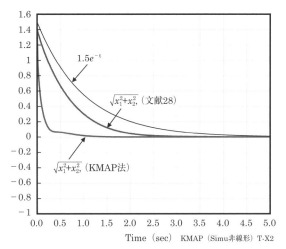

図3.1(b)　シミュレーション結果の比較
(KOPT.17.非線形最適制御則 1.Y180411.DAT)

図3.1(b)は，KMAPゲイン最適化法で得られた表3.1(a)のフィードバックゲインを用いて，状態変数$(x_1, x_2) = (1,1)$から原点$(0,0)$に収束させるシミュレーション結果である．図には文献28)の結果も示してある．文献28)では，$1.5e^{-t}$よりも速く収束させるという目標で設計しており，その意味で設計目的が達成されている．これに対して，KMAPゲイン最適化法の場合は，極力速く原点に収束するようにゲイン探索をした結果，0.25秒ほどで0.1程度まで収束していることがわかる．

図3.1(c)は，状態変数$(x_1, x_2)$の軌跡である．文献28)の場合は，ゆっくりと滑らかな軌跡を描いて原点に収束している．これに対して，KMAPゲイン最適化法の場合は，原点付近まで直線的に素早く収束していく様子がわかる．こ

第 3 章　非線形システムのフィードバック安定化

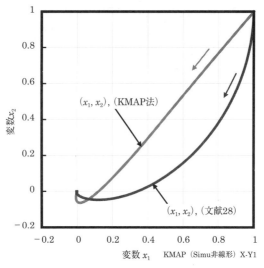

図 3.1(c)　状態変数 $(x_1, x_2)$ の軌跡比較

のように，KMAP ゲイン最適化による解法は簡単にフィードバックゲインを求めることができる．

### 例題 3.2　非線形システムの安定化制御（2）

次の非線形システム[34]

$$\begin{cases} \dot{x}_1 = x_2 + u_2 \\ \dot{x}_2 = -x_1 - 4x_2 + x_1^3 \end{cases} \tag{1}$$

について $(x_1, x_2) = (5, 5)$ から原点（0,0）に安定化させる制御則を求めよ．

　これは，例題 1.4.2 で一般的な非線形解析の方法として，文献 34)の結果を紹介したものである．ここでは，この問題は KMAP ゲイン最適化法を用いると簡単に解くことができることを示す．

　(1)式の非線形システムは図 **1.4.2(a)** に示したように，制御なし（$u = 0$）では非常に不安定なシステムである．文献 34)では，(1)式のシステムを(2)式のように変形して，不安定なシステムを原点に収束させるフィードバック制御則として(3)式を得ている．

$$\begin{cases} \dot{x}_1 = x_2 + u_2 \\ \dot{x}_2 = -x_1 - 4x_2 + x_1^3 \\ \dot{z} = u_1 \end{cases} \tag{2}$$

$$\begin{cases} u_1 = -4z - x_1 + 2x_1^3 \\ u_2 = -4x_1 - z x_1^2 \end{cases} \tag{3}$$

そこで，この制御構造と同じと仮定して，次式のフィードバックゲインを KMAP ゲイン最適化により求める．

$$\begin{cases} u_1 = K_1 z + K_2 x_1 + K_3 x_1^3 \\ u_2 = K_4 x_1 + K_5 z x_1^2 \end{cases} \tag{4}$$

具体的には，ゲイン $K_1 \sim K_5$ を乱数により組み合わせ解を仮定して，(2)式のシミュレーション計算を行う．評価関数としては，2秒後の状態変数（$x_1^2 + x_2^2$）の値が小さくなるように探索を繰り返す．このときのフィードバックゲインと評価関数の探索状況を図 **3.2(a)** に示す．

　探索回数は 100 万回であるが，計算に要した時間は普通のパソコンで 20 秒程

第 3 章 非線形システムのフィードバック安定化

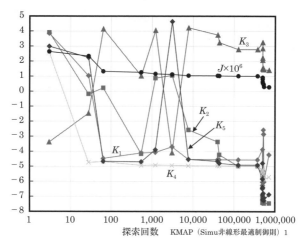

図 3.2(a) KMAP 法のフィードバックゲイン探索状況
(KOPT.24.非線形制御則(2)1.Y180710.DAT)

表 3.2(a) フィードバックゲイン比較

| 変数 | 文献 34)の結果 | KMAP 法の結果 |
| --- | --- | --- |
| $K_1$ | $-4.0$ | $-4.22$ |
| $K_2$ | $-1.0$ | $-7.45$ |
| $K_3$ | $2.0$ | $-1.407$ |
| $K_4$ | $-4.0$ | $-5.72$ |
| $K_5$ | $-1.0$ | $-6.87$ |

度である．得られたフィードバックゲインを文献 34) の結果と比較したものを表 3.2(a) に示す．KMAP ゲイン最適化法による結果は，文献 34) の結果に比較するとややゲインが高いことがわかる．

図 3.2(b) は，KMAP ゲイン最適化法で得られた表 3.2(a) のフィードバックゲインを用いて，状態変数 $(x_1, x_2) = (5, 5)$ から原点 $(0, 0)$ に収束させるシミュレーションの結果である．図 1.4.2(b) に示した文献 34) の結果とほぼ同様な収束状況であることがわかる．

ここで取り上げた問題は，制御なしでは非常に不安定な非線形ダイナミクスを持つシステムであり，これを安定化するのは簡単ではない．この問題に対しても，KMAP ゲイン最適化による解法は簡単にフィードバックゲインが得られることがわかる．

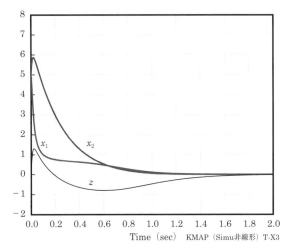

図 3.2(b) KMAP 法のシミュレーション結果

## 第3章 非線形システムのフィードバック安定化

### 例題 3.3　非線形システムの安定化制御（3）

次の非線形システム[43]

$$\begin{cases} \dot{x}_1 = x_1^2 - x_1^3 + x_2 \\ \dot{x}_2 = u \end{cases} \tag{1}$$

について $(x_1, x_2) = (1,1)$ から原点 $(0,0)$ に安定化させる制御則を求めよ．

これは，例題1.4.3で一般的な非線形解析の方法として，文献43)の結果を紹介したものである．ここでは，この問題はKMAPゲイン最適化法を用いると簡単に解くことができることを示す．

(1)式の非線形システムは図 **1.4.3(a)** に示したように，制御なし（$u=0$）では不安定ではないが，漸近安定（$t \to \infty$で原点（0,0）に到達）ではない．文献43)では，(1)式のシステムに対してバックステッピング法により原点（0,0）に安定させるフィードバック制御則として次式を得ている．

$$u = -2x_1 - 2x_1^2 - x_1^3 + 2x_1^4 - 2x_2 - 2x_1 x_2 \tag{2}$$

そこで，ここでは(2)式に示す文献43)の制御則の構造と同じと仮定して，次式のフィードバックゲインをKMAPゲイン最適化により求める．

$$u = K_1 x_1 + K_2 x_1^2 + K_3 x_1^3 + K_4 x_1^4 + K_5 x_2 + K_6 x_1 x_2 \tag{3}$$

具体的には，ゲイン $K_1 \sim K_6$ を乱数により組み合わせ解を仮定して，(1)式のシミュレーション計算を行う．評価関数としては，5秒後の状態変数 $\sqrt{x_1^2 + x_2^2}$ の値が小さくなるように探索を繰り返す．このときのフィードバックゲインと評価関数の探索状況を図 **3.3(a)** に示す．

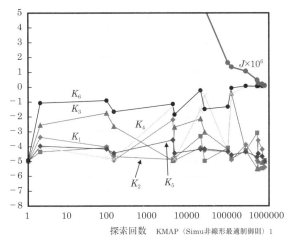

図 3.3(a)　フィードバックゲイン探索状況

表 3.3(a)　フィードバックゲイン比較

| 変数 | 文献 43)の結果 | KMAP 法の結果 |
|---|---|---|
| $K_1$ | −2.0 | −5.40 |
| $K_2$ | −2.0 | −4.93 |
| $K_3$ | −1.0 | −5.00 |
| $K_4$ | −4.0 | 0.0250 |
| $K_5$ | −1.0 | −5.01 |
| $K_6$ | −2.0 | 0.0874 |

　探索回数は 100 万回であるが，計算に要した時間は普通のパソコンで 40 秒程度である．表 3.3(a) は，得られたフィードバックゲインの値を文献 43) の結果と比較したものであるが，KMAP ゲイン最適化法による結果はかなりゲインが高いことがわかる．

第3章 非線形システムのフィードバック安定化

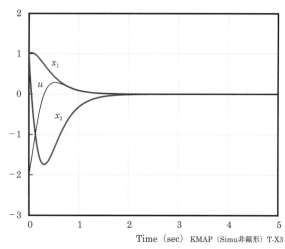

図 3.3(b) シミュレーション結果の比較
(KOPT.31.非線形最適制御則(3)2.Y181212.DAT)

図 3.3(b) は，KMAP ゲイン最適化法で得られた表 3.3(a) のフィードバックゲインを用いて，状態変数 $(x_1, x_2) = (1,1)$ から原点 $(0,0)$ に収束させるシミュレーション結果である．2秒程度で原点 $(0,0)$ に到達しており，図 1.3(b) に示した文献 43) の結果の半分の時間で原点 $(0,0)$ に到達していることがわかる．

このような問題に対しても，KMAP ゲイン最適化による解法は簡単にフィードバックゲインが得られることがわかる．

# 第 4 章　最短時間問題

本章以降では，システムの状態変数 $x$ とその時間微分である $\dot{x}$ によってシステムの運動が記述されているとき，初期条件および終端条件を満足し，$x$ の制約条件のもとで，評価関数を最小にする最適制御入力を見いだす問題を考える．この問題を解くには，一般的にはシステムのダイナミクスに対して 2 点境界値問題の難しい理論を用いて解を見いだしていく方法であり労力のいる作業である．これに対して，KMAP ゲイン最適化法では，対象とするダイナミクスに対して求めたい操作入力を直接見いだす方法であり，簡単に解を得ることができる．難しい理論は不要である．具体的には，第 1 章で述べたように，操作入力を時間関数として最初に仮定する．次にこの操作入力を用いて，システムのダイナミクスを初期条件から終端時間まで時間積分（シミュレーション）する．その結果，終端条件を満足するかどうかを判断して満足するケースをとりだして，このときの評価関数を計算する．この操作を繰り返して，評価関数が最も小さくなるケースを探索する方法である．本章では，最短時間問題を例題により学ぶ．

## 例題 4.1　最速降下線

変分法の古典的問題である最速降下線を考える．2 点 A B 間の摩擦のない滑り台で滑り落ちる場合，時間が最小となる曲線を求めよ．

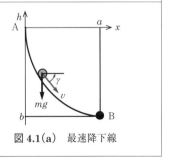

図 4.1(a)　最速降下線

これは，例題 1.5.1 において変分法で，また例題 1.5.2 で最適制御問題として解いた問題と同じである．ここでは，KMAP ゲイン最適化法によって解いた結

第4章　最短時間問題

果を示す．

曲線を滑り落ちる運動方程式は，図 4.1(a) から次式で与えられる．

$$\dot{x} = v\cos\gamma, \quad \dot{h} = -v\sin\gamma \tag{1}$$

ただし，速度 $v$ は次式である．

$$v = \sqrt{-2gh} \tag{2}$$

初期条件は次式である．

$$x(0) = \dot{x}(0) = h(0) = \dot{h}(0) = 0 \tag{3}$$

終端条件は次式である．

$$x(t_f) = 10.0 \text{ (m)}, \quad h(t_f) = -10.0 \text{ (m)} \tag{4}$$

評価関数 $J$ は次式である．

$$J = t_f \tag{5}$$

いま，図 4.1(b) に示すように，滑り落ちる速度ベクトル方向角 $\gamma$ を 0.25 秒ごとの 8 個のコマンド量を設定して，それらの折れ線からなる時間関数を定義する．ここで用いる 8 個のコマンド量は乱数を用いて設定する．すなわち，求めたい速度ベクトル方向角 $\gamma$ の時間関数を仮定して，シミュレーションを実施して，$x = 10$ m，$h = -10$ m に達するまでの時間を求める．この時間を評価関数として計算を 50 万回繰り返して，最小時間となる曲線を求める．計算時間は普通

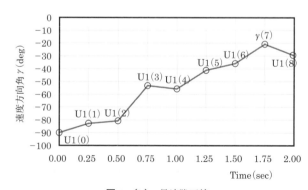

図 4.1(b)　最速降下線

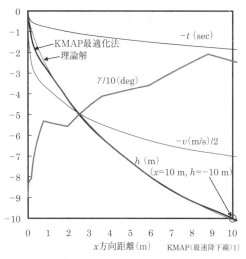

図 4.1(c)　最速降下線（KMAP 最適化法）
(KOPT.06. 最速降下線 1.Y180223.DAT)

のパソコンで数分である．

　図 4.1 (c) は，KMAP ゲイン最適化により求めた最速降下線の結果を例題 1.5.1 および例題 1.5.2 で求めた一般の非線形最適化法の解（理論解と標記）と比較したものである．初期を除きほとんど一致していることが確認できる．滑りはじめから 0.3 秒くらいまでは，ほとんど垂直に落ちることで速度が急激に増大している．その後，1 秒から 2 秒の間は速度方向が $-55°$ 程度に水平側に浅くなることで，$x$ 方向に移動する傾向となる．その結果，降下速度の増加量もしだいに減少する．その後は，速度方向はゆっくりと $-20°$ くらいまで水平側に浅くなり，それに伴って降下曲線も約 $20°$ の傾きで目標の位置（$x=10$ m，$h=-10$ m）に到達する．

　なお，最短時間の結果は表 4.1(a) に示すように，KMAP ゲイン最適化による計算結果は十分な精度を有することがわかる．

表 4.1(a)　最速降下線の最短時間の比

| 解析法 | 最短時間(sec) |
| --- | --- |
| 理論解 | 1.85 |
| KMAP 最適化法 | 1.84 |

第4章　最短時間問題

> ### 例題 4.2　加速・減速最短時間制御
>
> 図 4.2(a) に示すような摩擦のない車を考える。ここで，$m$ は質量，$x_1$ は変位，$u$ は制御操作力である。この運動方程式は次のように表される。
>
> $$m\ddot{x}_1 = u \qquad (1)$$
>
> このとき，50 m 先の地点に最も速く到達し，同時に静止させるような制御操作力 $u$（$-1 \leq u \leq 1$）を求めよ。
>
>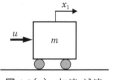
>
> 図 4.2(a)　加速・減速

この問題は，文献 11) に直感的に最適解がわかる最適制御の典型的な問題として紹介されている。ここでは，この解について説明した後，KMAP ゲイン最適化法で解いたときに，どの程度最適解に近い解が得られるか検討する。

## (1) 直感による最適解

運動方程式の (1) 式を 1 階の微分方程式に変換すると次のようになる。

$$\begin{cases} \dot{x}_1 = x_2 \\ \dot{x}_2 = \dfrac{1}{m}u \end{cases} \qquad (2)$$

ここで，$x_1$ は変位，$x_2$ は速度である。初期条件，終端条件，制約条件および評価関数は次とする。

【初期条件】　$x_1 = 0$，$x_2 = 0$ 　　　　　　　　　　　　　　　(3)
【終端条件】　$x_1 = 50$，$x_2 = 0$ 　　　　　　　　　　　　　　(4)
【制約条件】　$-1 \leq u \leq 1$ 　　　　　　　　　　　　　　　　(5)
【評価関数】　$J = t_f$ 　　　　　　　　　　　　　　　　　　　(6)

ここで，運動方程式は線形であるが，制御操作力 $u$ に制約条件があるため運動は非線形となる。この問題の正解は次のようである。まず，最大限の加速，すなわち $u = 1$ とする。そこで，到達距離 50 m の半分 25 m の地点になったとき，最大限の減速，すなわち $u = -1$ とすればよい。

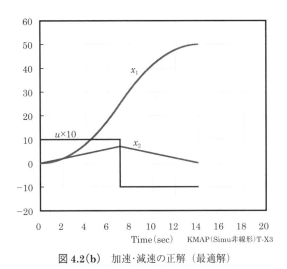

図 4.2(b)　加速・減速の正解（最適解）

このようにして求めた運動結果を図 4.2(b) に示す．最短時間は $t_f = 2\sqrt{50}$ = 14.14 秒，速度の最大値は $\sqrt{50}$ = 7.07 m/s である．

## (2) KMAP ゲイン最適化法による解

最適解がわかっているこの問題を，KMAP ゲイン最適化法によって解いてみる．KMAP ゲイン最適化法では，まず操作力 $u$ を乱数によって得た 8 個の数値を設定して，それらの折れ線による時間関数を定義する．この時間関数を用いてシミュレーションを実施して，$x_1 = 50$ m に到達したときの速度 $x_2$ を求める．この速度が設定した範囲（ここでは 0.1 m/s）に入ったケースについて計算を繰り返して，評価関数（終端時刻 $t_f$）が最小となる操作力 $u$ を求める．

結果を図 4.2(c) に示す．乱数で操作力の数値を求めるときの探索範囲は $-9.0$ ～ 10.0 とした．$x_1 = 50$ m に到達したときの速度は $x_2 = 0.00951$ m/s，最短時間は $t_f = 14.58$ 秒，速度の最大値は 7.00 m/s である．操作力 $u$ は折れ線で近似しているため，加速最初から最大値 1.0 にはなっていない．また，中間点および終端地点においても傾きをもった直線となっていることがわかる．

KMAP ゲイン最適化により求めた結果と理論解を比較すると，操作力は若干差があるものの，変位 $x_1$ および速度 $x_2$ はほとんど一致していることが確認できる．実際の結果を数値で比較すると表 4.2(a) のようになる．これから，KMAP ゲイン最適化による解は十分な精度を有することがわかる．

第4章 最短時間問題

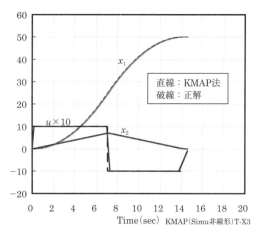

図 4.2(c)　KMAP 最適化と正解との比較
（KOPT.26. 加速減速最適制御 6.Y180719.DAT）

表 4.2(a)　加速・減速の結果比較

|  | KMAP 法 | 正解（最適解） |
|---|---|---|
| 変化 $x_1$ (m) | 50.00 | 50 |
| 速度 $x_2$ (m/s) | 0.00951 | 0 |
| 速度の最大値 (m/s) | 7.00 | 7.07 |
| 終端時刻 $t_f$ （秒） | 14.58 | 14.14 |

　計算は 100 万回繰り返したが，計算時間は普通のパソコンで数分である．この問題のように，制御入力が不連続に変化する最適制御問題に対しても，KMAP ゲイン最適化法は良好な結果を得ることができる．

### 例題 4.3　高度と速度を指定した最短時間上昇

図 4.3(a) に示すように，質量 $m$ の機体に水平位置から角度 $\beta$ の方向に推力 $T$ を与えて，高度 500 m，水平速度 300 m/s の状態に最短時間で上昇する制御入力 $\beta$ を求めよ．このとき，垂直速度は 0 とする．
なお，空気力および重力は無視できるとし，質量および推力は一定とする．

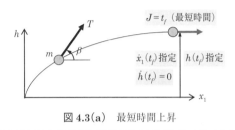

図 4.3(a)　最短時間上昇

この例は，文献 5)，11) に非線形最適制御の問題として解く方法が詳しく説明されている．ここでは，KMAP ゲイン最適化法によりこの問題を解き，文献の結果と比較する．

図 4.3(a) のシステムの運動方程式は次のように表される．

$$\begin{cases} m\ddot{x}_1 = T\cos\beta \\ m\ddot{h} = T\sin\beta \end{cases} \tag{1}$$

いま，$x_1$ は水平方向変位，$x_2 = h$ は高度，$x_3$ は水平速度，$x_4$ は垂直速度，加速度 $a = T/m = 19.6$（m/s$^2$）とおくと，次の 1 階の微分方程式が得られる．

$$\begin{cases} \dot{x}_1 = x_3 \\ \dot{x}_2 = x_4 \\ \dot{x}_3 = a\cos\beta \\ \dot{x}_4 = a\sin\beta \end{cases} \tag{2}$$

第 4 章　最短時間問題

初期条件，終端条件および評価関数は次とする．

【初期条件】　$x_1 = x_2 = x_3 = x_4 = \beta = 0$ 　　　　　　　　　　　　　　　　(3)

【終端条件】　$x_2 = h = 500\,(\mathrm{m})$，$x_3 = 300\,(\mathrm{m/s})$，$x_4 = \dot{h} = 0$ 　　　　(4)

【評価関数】　$J = t_f$ 　（最短時間） 　　　　　　　　　　　　　　　　　　(5)

この評価関数 $J$ を最小にすることで，最短時間上昇の解を探索する．

　KMAP ゲイン最適化法では，制御入力 $\beta$ を時間関数として設定する．ここでは，終端時刻 20 秒間を 8 点の折れ線関数で表す．この 8 個の各点は，乱数を用いて定義する．このように設定した制御入力 $\beta$ を用いて，(2)式に示した運動方程式を (3)式の初期条件のもとで，(4)式の終端条件を満足するとともに，評価関数が最小になるように最適化計算を実施する．

　図 4.3(b) は，最適化解によるシミュレーション結果である．終端時刻における高度 $x_2$ は指定値の 500 m，水平速度 $x_3$ は 300 m/s となっており，そのときの垂直速度 $x_4$ は 2.4 m/s 程度と小さな値となっている．評価関数の最短時間は 16.53 秒である．

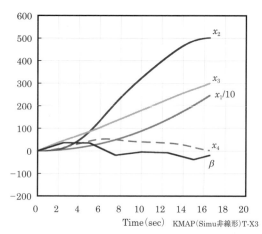

図 4.3(b)　最適化解によるシミュレーション結果
(KOPT.28. 最短時間上昇問題 1.Y180724.DAT)

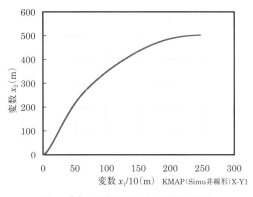

図 4.3(c)　最適化解による運軌の軌跡

図 4.3(c) は，最適化解による運動の軌跡である．終端時刻における水平方向変位 $x_1$ は 2466 m，高度 $x_2$ は 501.8 m であり，運動は滑らかな軌跡を描いていることがわかる．

表 4.3 (a) は，最適化解の結果を文献 5)，11) の結果と比較したものである．最小値に指定した終端時刻 $t_f$ は 16.53 秒で，誤差は 2 % 以下である．また，500 m に指定した高度 $x_2$ は 501.8 m で誤差は 0.4 %，300 m/s に指定した水平速度 $x_3$ は 300.0 m/s で誤差なし，0 m/s に指定した垂直速度 $x_4$ は 2.38 m/s で誤差は水平速度の 0.8 % 程度である．KMAP ゲイン最適化法は簡単であるが，比較的よい精度で解が得られていることがわかる．

表 4.3(a)　最適解の文献との比較

|  | KMAP 法 | 文献 5)，11) |
|---|---|---|
| 水平変位 $x_1$ (m) | 2466 | — |
| 高度変位 $x_2$ (m) | 501.8 | 500 |
| 水平速度 $x_3$ (m/s) | 300.0 | 300 |
| 垂直速度 $x_4$ (m/s) | 2.38 | 0 |
| 終端時刻 $t_f$ (秒) | 16.53 | 16.62 |

# 第5章 時間を指定した状態量の最小化

本章では，システムの状態変数 $x$ とその時間微分である $\dot{x}$ によってシステムの運動が記述されているとき，初期条件および終端条件を満足し，$x$ の制約条件のもとで，評価関数を最小にする最適制御入力を見いだす問題のうち，時間を指定した状態量の最小化問題を例題により学ぶ．

## 例題 5.1　5秒後の $x_i^2$ 最小（入力制限なし）

次の運動方程式で表される非線形システムを考える．

$$\begin{cases} \dot{x}_1 = (1-x_1^2-x_2^2)x_1 - x_2 + u \\ \dot{x}_2 = x_1 \end{cases} \tag{1}$$

初期条件は次とする．

$$x_1 = 0, \quad x_2 = 2 \tag{2}$$

また，制御入力 $u$ に制限はなく，$0 \leq t \leq t_f$（$t_f = 5$）とする．
このとき，次の評価関数を最小にする制御入力 $u$ を求めよ．

$$J = 2\{x_1^2(t_f) + x_2^2(t_f)\} \tag{3}$$

KMAP ゲイン最適化法では，図 5.1(a) のように入力に関する時間関数を設定する．ここでは，終端時刻5秒間を8点の折れ線関数で表す．この8個の各点は，乱数を用いて定義する．

第 5 章　時間を指定した状態量の最小化

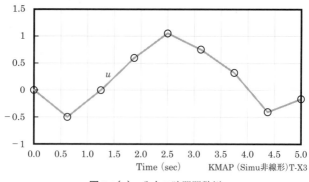

図 5.1(a)　入力の時間関数例

図 5.1(a) のように設定した操作力 $u$ を用いて，(1)式に示した運動方程式を(2)式の初期条件のもとで，終端時刻 $t$=5 秒における評価関数が最小になるように最適化計算を実施する．

図 5.1(b) は，評価関数の探索状況である．評価関数は 10 回程度で急激に減少していくことがわかる．探索回数は 100 万回実施したが計算時間は普通のパソコンで数分で終了する．

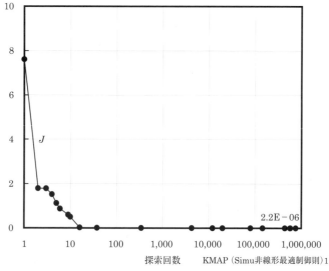

図 5.1(b)　評価関数の探索状況
(KOPT.25. 非線形最適制御 3.Y180718.DAT)

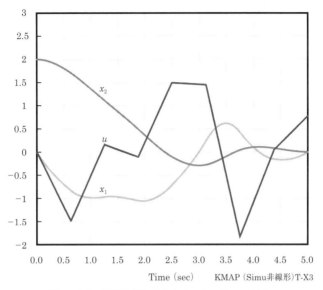

図 5.1(c)　最適化解によるシミュレーション結果

　図 5.1(c) は，最適化解によるシミュレーション結果である．終端時刻 $t_f$=5 秒における状態量は次のようにほぼ 0 である．

$$x_1 = -0.000960, \quad x_2 = 0.000435 \tag{4}$$

これは，評価関数（3）式が 5 秒後の $(x_1^2 + x_1^2)$ を小さくするように設定されているからで，図 5.1(c) からこれが確認できる．ただし，途中の状態量の変動は大きく振れている．これは，途中の状態量に関して何も制約をしていないためである．
　以降の例題では，評価関数の設定内容や制御入力に関する制約等を変化させた場合の影響について示す．

第5章　時間を指定した状態量の最小化

### 例題 5.2　5秒後の（$x_1^2$＋積分[$x_i^2$]）最小（入力制限なし）

次の運動方程式で表される非線形システムを考える．

$$\begin{cases} \dot{x}_1 = (1 - x_1^2 - x_2^2)x_1 - x_2 + u \\ \dot{x}_2 = x_1 \end{cases} \quad (1)$$

初期条件は次とする．

$$x_1 = 0, \quad x_2 = 2 \quad (2)$$

また，制御入力 $u$ に制限はなく，$0 \leq t \leq t_f$（$t_f = 5$）とする．
このとき，次の評価関数を最小にする制御入力 $u$ を求めよ．

$$J = 2\{x_1^2(t_f) + x_2^2(t_f)\} + \int_0^{t_f}(x_1^2 + x_2^2)dt \quad (3)$$

これは，例題 5.1 に対して，評価関数に $(x_1^2 + x_2^2)$ の積分を加えた場合である．時間関数として設定して制御入力 $u$ を用いて，(1)式に示した運動方程式を(2)式の初期条件のもとで，終端時刻 $t=5$ 秒における評価関数が最小になるように最適化計算を実施する．

図 5.2(a) は，評価関数の探索状況である．探索回数は 100 万回実施したが計算時間は普通のパソコンで数分で終了する．なお，評価関数は 10 回程度で急激に減少していくことがわかる．

図 5.2(b) は，最適化解によるシミュレーション結果である．終端時刻 $t_f=5$ 秒における状態量は次のように 0 に近い値である．

$$x_1 = -0.0597, \quad x_2 = -0.0228 \quad (4)$$

これは，評価関数（3）式が 5 秒後の $(x_1^2 + x_1^2)$ と 0〜5 秒の $(x_1^2 + x_2^2)$ の積分を合計したものを小さくするように設定されているからである．ただし，例題 5.1 のように $t_f=5$ 秒の状態量がほぼ 0 にはなっていない．これは，評価関数に積分項があるために，途中の状態量が小さいほうが選択されるためである．

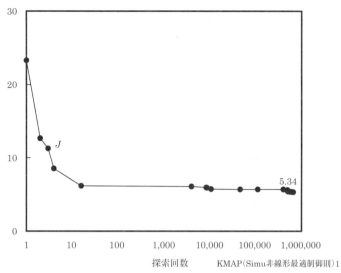

図 5.2(a)　評価関数の探索状況
(KOPT.25. 非線形最適制御 2.Y180718.DAT)

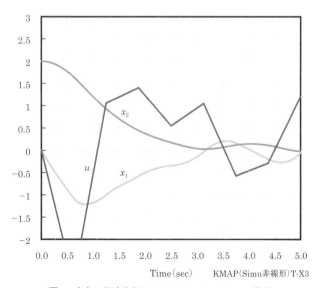

図 5.2(b)　最適化解によるシミュレーション結果

第 5 章　時間を指定した状態量の最小化

## 例題 5.3　5 秒後の（$x_i^2$＋積分[$x_i^2+u^2$]）最小（入力制限なし）

次の運動方程式で表される非線形システムを考える．

$$\begin{cases} \dot{x}_1 = (1-x_1^2-x_2^2)x_1 - x_2 + u \\ \dot{x}_2 = x_1 \end{cases} \tag{1}$$

初期条件は次とする．

$$x_1=0, \quad x_2=2 \tag{2}$$

また，制御入力 $u$ に制限はなく，$0 \leq t \leq t_f$（$t_f$=5）とする．
このとき，次の評価関数を最小にする制御入力 $u$ を求めよ．

$$J = 2\{x_1^2(t_f)+x_2^2(t_f)\} + \int_0^{t_f}(x_1^2+x_2^2+u^2)dt \tag{3}$$

　これは，例題 5.2 に対して，評価関数の $(x_1^2+x_2^2)$ の積分項内にさらに制御入力 $u$ の 2 乗を加えた場合である．時間関数として設定して制御入力 $u$ を用いて，(1)式に示した運動方程式を (2) 式の初期条件のもとで，終端時刻 $t$=5 秒における評価関数が最小になるように最適化計算を実施する．

　図 5.3(a) は，評価関数の探索状況である．探索回数は 100 万回実施したが計算時間は普通のパソコンで数分で終了する．なお，評価関数は 10 回程度で急激に減少していくことがわかる．

　図 5.3(b) は，最適化解によるシミュレーション結果である．終端時刻 $t_f$=5 秒における状態量は次のように 0 から少し離れた値である．

$$x_1=0.1049, \qquad x_2=-0.1341 \tag{4}$$

これは，評価関数 (3) 式が 5 秒後の $(x_1^2+x_1^2)$ と 0 〜 5 秒の $(x_1^2+x_2^2+u^2)$ の積分を合計したものを小さくするように設定されているため，状態量のみを小さくするようになっていないからである．しかし，途中の状態量の変化は滑らかになっていることがわかる．

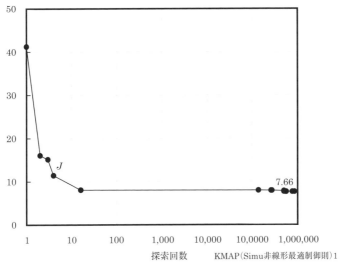

図 5.3(a)　評価関数の探索状況
(KOPT.25. 非線形最適制御 1.Y180718.DAT)

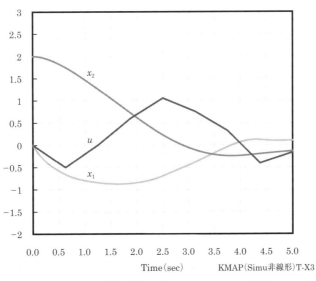

図 5.3(b)　最適化解によるシミュレーション結果

## 第5章 時間を指定した状態量の最小化

### 例題 5.4　5秒後の $x_i^2$ 最小（入力制限あり）

次の運動方程式で表される非線形システムを考える．

$$\begin{cases} \dot{x}_1 = (1-x_1^2-x_2^2)x_1 - x_2 + u \\ \dot{x}_2 = x_1 \end{cases} \tag{1}$$

初期条件は次とする．

$$x_1=0, \quad x_2=2 \tag{2}$$

また，制御入力 $-1 \leq u \leq 1$，時刻 $0 \leq t \leq t_f$（$t_f=5$）とする．
このとき，次の評価関数を最小にする制御入力 $u$ を求めよ．

$$J = 2\{x_1^2(t_f) + x_2^2(t_f)\} \tag{3}$$

これは，例題 5.1 に対して，制御入力が不等式拘束で制限されている場合である．時間関数として設定して制御入力 $u$ を用いて，(1)式に示した運動方程式を(2)式の初期条件のもとで，終端時刻 $t=5$ 秒における評価関数が最小になるように最適化計算を実施する．

図 5.4(a) は，評価関数の探索状況である．評価関数は 10 回程度で急激に減少していくことがわかる．探索回数は 100 万回実施したが計算時間は普通のパソコンで数分で終了する．

図 5.4(b) は，最適化解によるシミュレーション結果である．終端時刻 $t_f=5$ 秒における状態量は次のようにほぼ 0 である．

$$x_1=0.000380, \quad x_2=0.000307 \tag{4}$$

これは，例題 5.1 と同様に，評価関数（3）式が 5 秒後の $(x_1^2 + x_2^2)$ を小さくするように設定されているからである．途中の状態量の変動は例題 5.1 よりも振れ量が小さくなっていることがわかる．これは，制御入力が制限されていることが影響している．

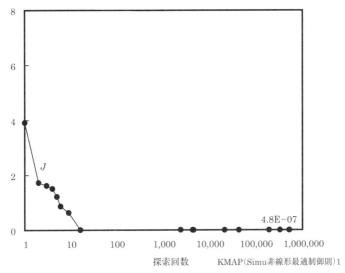

図 5.4(a) 評価関数の探索状況
(KOPT.25. 非線形最適制御 6.Y180718.DAT)

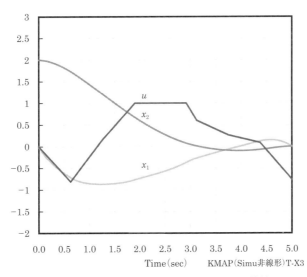

図 5.4(b) 最適化解によるシミュレーション結果

第5章 時間を指定した状態量の最小化

> **例題 5.5**　5 秒後の（$x_i^2$＋積分[$x_i^2$]）最小（入力制限あり）
>
> 次の運動方程式で表される非線形システムを考える．
>
> $$\begin{cases} \dot{x}_1 = (1-x_1^2-x_2^2)x_1 - x_2 + u \\ \dot{x}_2 = x_1 \end{cases} \qquad (1)$$
>
> 初期条件は次とする．
>
> $$x_1=0, \quad x_2=2 \qquad (2)$$
>
> また，制御入力 $-1 \leq u \leq 1$，時刻 $0 \leq t \leq t_f$（$t_f=5$）とする．
> このとき，次の評価関数を最小にする制御入力 $u$ を求めよ．
>
> $$J = 2\{x_1^2(t_f) + x_2^2(t_f)\} + \int_0^{t_f}(x_1^2 + x_2^2)dt \qquad (3)$$

　これは，例題 5.2 に対して，制御入力が不等式拘束で制限されている場合である．時間関数として設定して制御入力 $u$ を用いて，(1)式に示した運動方程式を(2)式の初期条件のもとで，終端時刻 $t=5$ 秒における評価関数が最小になるように最適化計算を実施する．

　図 5.5(a) は，評価関数の探索状況である．探索回数は 100 万回実施したが計算時間は普通のパソコンで数分で終了する．なお，評価関数は 10 回程度で急激に減少していくことがわかる．

　図 5.5(b) は，最適化解によるシミュレーション結果である．終端時刻 $t_f=5$ 秒における状態量は次のようにほぼ 0 である．

$$x_1=0.000611, \qquad x_2=0.00618 \qquad (4)$$

これは，例題 5.2 の結果よりも 0 に近い値となっている．さらに，途中の状態量の変動は例題 5.2 よりも振れ量が小さく滑らかになっていることがわかる．これは，制御入力が制限されていることが影響している．

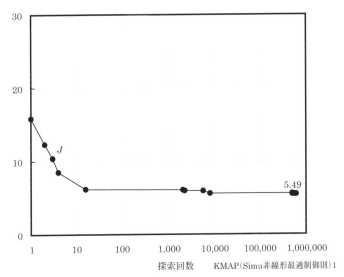

図 5.5(a) 評価関数の探索状況
(KOPT.25. 非線形最適制御 5.Y180718.DAT)

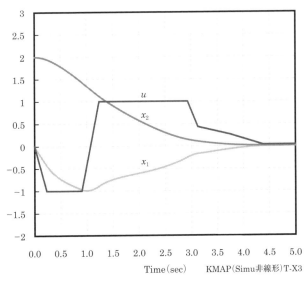

図 5.5(b) 最適化解によるシミュレーション結果

61

第5章 時間を指定した状態量の最小化

> ### 例題 5.6　5 秒後の（$x_i^2$＋積分[$x_i^2$＋$u^2$]）最小（入力制限あり）
>
> 次の運動方程式で表される非線形システムを考える.
>
> $$\begin{cases} \dot{x}_1 = (1 - x_1^2 - x_2^2)x_1 - x_2 + u \\ \dot{x}_2 = x_1 \end{cases} \tag{1}$$
>
> 初期条件は次とする.
>
> $$x_1 = 0, \quad x_2 = 2 \tag{2}$$
>
> また，制御入力 $-1 \leq u \leq 1$，時刻 $0 \leq t \leq t_f$ （$t_f=5$）とする.
> このとき，次の評価関数を最小にする制御入力 $u$ を求めよ.
>
> $$J = 2\{x_1^2(t_f) + x_2^2(t_f)\} + \int_0^{t_f}(x_1^2 + x_2^2 + u^2)dt \tag{3}$$

　これは，例題 5.3 に対して，制御入力が不等式で制限されている場合である. 時間関数として設定して制御入力 $u$ を用いて，(1)式に示した運動方程式を (2) 式の初期条件のもとで，終端時刻 $t=5$ 秒における評価関数が最小になるように最適化計算を実施する.

　図 5.6(a) は，評価関数の探索状況である. 探索回数は 100 万回実施したが計算時間は普通のパソコンで数分で終了する. なお，評価関数は 10 回程度で急激に減少していくことがわかる.

　図 5.6(b) は，最適化解によるシミュレーション結果である. 終端時刻 $t_f=5$ 秒における状態量は，例題 5.3 と同様に次のように 0 から少し離れた値である.

$$x_1 = 0.0684, \quad x_2 = -0.1183 \tag{4}$$

これは，評価関数 (3)式が 5 秒後の $(x_1^2 + x_2^2)$ と 0～5 秒の $(x_1^2 + x_2^2 + u^2)$ の積分を合計したものを小さくするように設定されているため，状態量のみを小さくするようになっていないからである. しかし，途中の状態量の変化は，例題 5.3 と同様に滑らかになっていることがわかる.

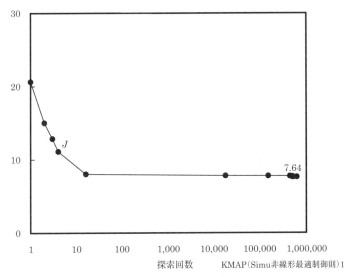

図 5.6(a)　評価関数の探索状況
(KOPT.25.非線形最適制御 4.Y180718.DAT)

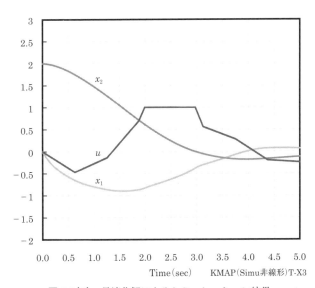

図 5.6(b)　最適化解によるシミュレーション結果

第 5 章　時間を指定した状態量の最小化

### 例題 5.7　1 秒間で最小エネルギの質点引き戻し

図 5.7(a) に示すように，質点の加速度 $a$ を制御することにより，質点の位置 $x_1$ を原点から移動させた後，原点に引き戻す問題を考える．
ただし，原点から動き出す速度は $v=1$ とし，原点に戻った時の速度は $v=-1$ とする．また，原点からの距離は $L$ を超えてはならない．時間は，原点から原点に戻るまで 1 秒間とする．

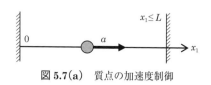

図 5.7(a)　質点の加速度制御

この例は，文献 5)，11) に最適制御の問題として理論的に解く方法が詳しく説明されている．ここでは，KMAP ゲイン最適化法によりこの問題を解き，文献の結果と比較する．

図 5.7(a) のシステムの運動方程式は次のように表される．

$$\begin{cases} \dot{x}_1 = x_2 \\ \dot{x}_2 = a \end{cases} \tag{1}$$

ここで，$x_1$ は質点の位置，$x_2 = v$ は $x_1$ 方向の速度，$a$ は加速度である．
初期条件，制約条件，終端条件および評価関数は次とする．

【初期条件】　$x_1 = 0$, $x_2 = 1$ 　　　　　　　　　　　　　　　　　(2)

【制約条件】　$x_1 \leq L$ 　　　　　　　　　　　　　　　　　　　　(3)

【終端条件】　$t_f = 1$, $x_1 = 0$, $x_2 = -1$ 　　　　　　　　　　　(4)

【評価関数】　$J = \int_0^{t_f} a^2 dt$ 　　　　　　　　　　　　　　　　(5)

この評価関数 $J$ を最小にすることで，終端時刻 $t_f$ において最小エネルギでの質点の引き戻しを実現する加速度 $a$ を求める．

　KMAP ゲイン最適化法では，加速度 $a$ を時間関数として設定する．ここでは，終端時刻 1 秒間を 8 点の折れ線関数で表す．この 8 個の各点は，乱数を用いて

定義する．このように設定した加速度 $a$ を用いて，(1)式に示した運動方程式を(2)式の初期条件のもとで，(3)式の制約条件および(4)式の終端条件を満足するとともに，評価関数が最小になるように最適化計算を実施する．

図 **5.7(b)** は，制約条件 $x_1 \leq 0.2$ の場合の最適化解によるシミュレーション結果である．終端時刻 $t_f=1$ における位置は設定値 0 に対して $x_1=-0.00885$，速度は設定値 $-1$ に対して $x_2=-0.971$ であり，比較的よい精度で解が得られていることがわかる．図 **5.7(c)** に示す文献 5) の結果と比較しても同様な結果が得られていることが確認できる．このように，KMAP ゲイン最適化法は簡単であるが，十分な精度で解が得られることがわかる．

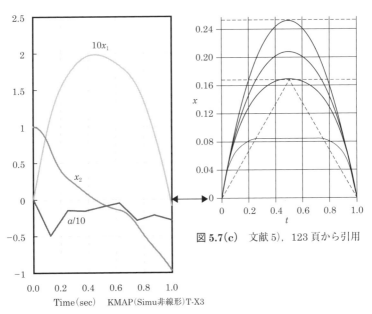

図 **5.7(b)**　KMAP 最適化法 $(x_1 \leq 0.2)$
(KOPT.29. 最小エネ引き戻し 6.Y180730.DAT)

図 **5.7(c)**　文献 5)，123 頁から引用

# 第6章　位置を指定した運動問題

本章では，システムの状態変数 $x$ とその時間微分である $\dot{x}$ によってシステムの運動が記述されているとき，初期条件および終端条件を満足し，$x$ の制約条件のもとで，評価関数を最小にする最適制御入力を見いだす問題のうち，位置を指定した運動問題を例題により学ぶ．

### 例題 6.1　飛翔体の最適航法

図 6.1(a) に示す自機と目標機の運動方程式は次のように表されると仮定する．

$$\begin{cases} \dot{x}_m = V_m \cos\gamma_m \\ \dot{y}_m = V_m \sin\gamma_m \end{cases} \quad (1)$$

$$\begin{cases} \dot{x}_t = V_t \cos\gamma_t \\ \dot{y}_t = V_t \sin\gamma_t \end{cases} \quad (2)$$

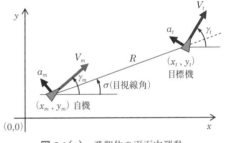

図 6.1(a)　飛翔体の平面内運動

ここで，$(x_m, y_m)$ および $(x_t, y_t)$ は自機および目標機の座標で初期値が既知，$V_m$ および $V_t$ は自機および目標機の速度で一定，$\gamma_m$ および $\gamma_t$ は自機および目標機の経路角で初期値が既知である．このとき，速度一定で5G旋回している目標機に対して，自機の横加速度を制御して会合地点におけるミスディスタンス（自機と目標機との会合誤差 $x_d = x_t - x_m$，$y_d = y_t - y_m$）を小さくするように，自機の横加速度のコマンド入力を求めよ．

飛翔体の誘導法としては，目標機との目視線角速度と自機の速度情報を用いた比例航法，それを改良した目視線角速度と目標機との接近速度情報を用いた比例航法がよく知られている[29]．これらの比例航法の精度をさらに向上させるために，最適航法が研究されている．

## 第6章 位置を指定した運動問題

いま，図 **6.1(a)** に示すように，速度一定で5G旋回している目標機に対して，自機の横加速度を制御して会合地点におけるミスディスタンス（自機と目標機との会合誤差）を小さくする非線形最適化問題を考える．これは2点境界値問題であり，その解を得るのは簡単ではない．

そこで，KMAPゲイン最適化法により，乱数を用いてそのコマンド量の組み合わせの中から最適値を探索する．具体的には，横加速度コマンド入力量の時間関数を仮定してシミュレーションにより，自機と目標機が会合するように誘導し，会合地点におけるミスディスタンスを最小とするコマンド量の最適組み合わせを探索する．

経路角の運動方程式は次式で表される．

$$\dot{\gamma}_m = \frac{a_m}{V_m}, \qquad \dot{\gamma}_t = \frac{a_t}{V_t} \tag{3}$$

ここで，$a_m$ および $a_t$ は自機および目標機の横加速度である．このうち，目標機の横加速度 $a_t$ は一定とする．自機の横加速度 $a_m$ はコマンド入力 $U$ に対して次のような時定数 $T_G$ の1次遅れで発生するものとする．

$$\dot{a}_m = -\frac{1}{T_G} a_m + \frac{1}{T_G} U \tag{4}$$

自機と目標機の距離 $R$，接近速度 $V_c$，目視線角 $\sigma$（LOS:Line-Of-Sight），目視線角速度 $\dot{\sigma}$（LOSレート）は次式である．

$$R = \sqrt{(x_t - x_m)^2 + (y_t - y_m)^2} \tag{5}$$

$$V_c = -\dot{R} = V_t \cos(\gamma_t - \sigma) - V_m \cos(\gamma_m - \sigma) \tag{6}$$

$$\sigma = \tan^{-1} \frac{y_t - y_m}{x_t - x_m} \tag{7}$$

$$\dot{\sigma} = \frac{1}{R} \left\{ V_t \sin(\gamma_t - \sigma) - V_m \sin(\gamma_m - \sigma) \right\} \tag{8}$$

表 **6.1(a)** は，シミュレーション計算用に用いた変数データである．

表 6.1(a)　シミュレーション用データ [29]

| 変数 | 数値 |
|---|---|
| $V_m$ | 1,000 (m/s) |
| $V_t$ | 3,000 (m/s) |
| $x_m(0)$ | 0 |
| $y_m(0)$ | 0 |
| $x_t(0)$ | 50,000 (m) |
| $y_t(0)$ | 10,000 (m) |
| $\gamma_m(0)$ | 20 (deg) |
| $\gamma_t(0)$ | $-175$ (deg) |
| $\max |a_m|$ | $50 \times 9.8$ (m/s$^2$) |
| $a_t$ | $5 \times 9.8$ (m/s$^2$) |
| $T_G$ | 0.5 (sec) |

## (1) 比例航法（1）－LOS レートと自機速度

KMAP ゲイン最適化法の結果と比較するために，比例航法による 2 つの解析結果について述べる．まず，LOS レートと自機速度を利用した比例航法である．この場合の制御則は次式で表される．

$$U = NV_m\dot{\sigma} \tag{9}$$

ここで，$N$ は航法定数で 3.0 と仮定した．

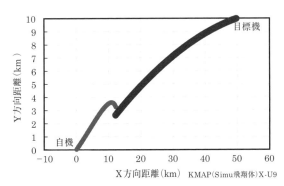

図 6.1(b)　飛行軌跡（比例航法(1)）
(KOPT14. 飛翔体の最適航法 2.Y180318.DAT)

第6章　位置を指定した運動問題

図 6.1(b) は，飛行軌跡である．目標機の 5G の横加速度の軌道に対して，自機は初期には直線に近い軌道であるが，会合点近くで急激な軌道を行っている．そのため，旋回が間に合わずミスディスタンスが約 600 (m) と大きくなっている．

図 6.1(c) は，図 6.1(b) に示した飛行軌跡に対応したタイムヒストリーである．会合点は約 13 秒であるが，6 秒あたりまで，ほとんど横加速度がでていないことがわかる．

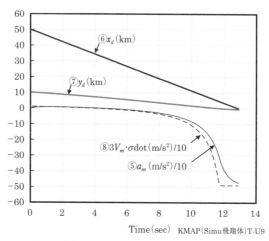

図 6.1 (c)　タイムヒストリー（比例航法(1)）

## (2) 比例航法 (2) − LOS レートと接近速度

LOS レートと自機速度を利用した比例航法である．この場合の制御則は次式で表される．

$$U = N'V_c\dot{\sigma} \tag{10}$$

ここで，$N'$ は有効航法定数で，ここでは 3.0 と仮定した．

図 6.1(d) は，飛行軌跡である．目標機の 5G の横加速度の軌道に対して，自機は初期には目標機とは反対方向に飛行した後，目標機に向かって横加速度を増加しながら旋回運動をしている．しかし，比例航法(1)と同様に，会合点近くで急激な軌道を行っている．そのため，やはり旋回が間に合わず約 10 (m) のミスディスタンスが発生している．

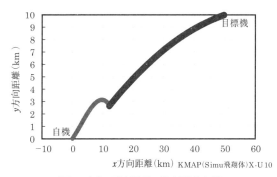

図 6.1(d) 飛行軌跡（比例航法(2)）
(KOPT14. 飛翔体の最適航法 3.Y180318.DAT)

　図 6.1(e) は，図 6.1(d) に示した飛行軌跡に対応したタイムヒストリーである．会合点は約 13 秒であるが，1 秒〜11 秒あたりまで，直線的に横加速度が増加しているが，会合点近くで急激な旋回をしていることがわかる．これらの結果から，比例航法(1)，比例航法(2) ともに初期の旋回運動が不足していることからミスディスタンスが大きくなっているのがわかる．

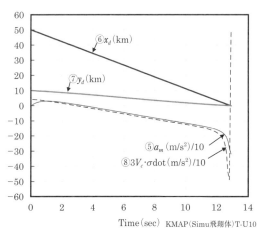

図 6.1(e)　タイムヒストリー（比例航法(2)）

第6章 位置を指定した運動問題

## (3) KMAP ゲイン最適化による最適航法

上記で述べた比例航法は一般的に広く利用されている方法であるが，ここではKMAP ゲイン最適化法によって簡単に解が得られることを示す．(1)式〜(4)式の運動方程式を状態変数 $x_1 \sim x_7$ を用いると次のように表される．

$$\begin{cases} \dot{x}_1 = V_m \cos x_6 & x_1：自機の x 方向距離 x_m \\ \dot{x}_2 = V_m \sin x_6 & x_2：自機の y 方向距離 y_m \\ \dot{x}_3 = V_t \cos x_7 & x_3：目標機の x 方向距離 x_t \\ \dot{x}_4 = V_t \sin x_7 & x_4：目標機の y 方向距離 y_t \\ \dot{x}_5 = -\dfrac{1}{T_G} x_5 + \dfrac{1}{T_G} U & x_5：自機の横加速度 a_m \\ \dot{x}_6 = \dfrac{1}{V_m} x_5 & x_6：自機の経路角 \gamma_m \\ \dot{x}_7 = \dfrac{1}{V_t} a_t & x_7：目標機の経路角 \gamma_t \end{cases} \quad (11)$$

初期条件は (12)式，終端条件は (13)式である．図 **6.1(f)** は，自機の横加速度コマンド入力 $U$ を，時間関数として設定した例である．14 秒間を 8 等分した折れ線関数である．

この横加速度コマンド入力 $U$ を用いて，(11)式の運動方程式を (12)式の初期条件のもとで，(13)式の終端条件を満足するとともに，評価関数が最小になるように最適化計算を実施する．なお，操舵量が滑らかになるように，評価関数にコマンド入力の2乗項を加えた．

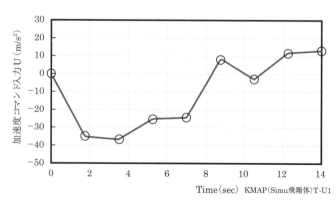

図 **6.1(f)** 横加速度コマンド入力 $U$ の例

【初期条件】 $\begin{cases} x_1 = x_2 = 0, \quad x_3 = 50,000 \text{ (m)}, \quad x_4 = 10,000 \text{ (m)}, \\ x_5 = 0, \quad x_6 = 20 \text{ (deg)}, \quad x_7 = -16.5 \text{ (deg)} \end{cases}$ (12)

【終端条件】 $x_1 = x_3$ (13)

【評価関数】 $J = |x_4 - x_2| + K \sum_{i=1}^{8} U_i^2$ ($K$ は係数) (14)

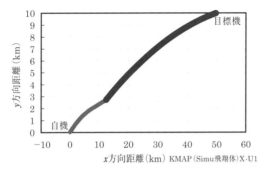

図 6.1(g) 飛行軌跡 (KMAP 最適化法)
(KOPT14. 飛翔体の最適航法 1.Y180318.DAT)

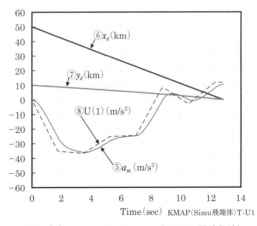

図 6.1(h) タイムヒストリー (KMAP 最適化法)

図 6.1(g) は飛行軌跡, 図 6.1(h) はそのタイムヒストリーである. 目標機の 5G の横加速度の軌道に対して, 自機は直ちに旋回を始め, 2秒には横加速度は

73

## 第6章 位置を指定した運動問題

3Gに達している．4秒あたりからしだいに横加速度は減少して，9秒付近からは0Gとなり，会合点まではほぼ直線運動となっている．ミスディスタンスも約0.01（m）と小さな値となっている．ここで取り上げた目標機とのLOSレートと自機の速度情報を用いた比例航法(1)，それを改良したLOSレートと目標機との接近速度情報を用いた比例航法(2)，KMAPゲイン最適化による最適航法ついて，飛行軌跡を比較したものを図 6.1(i) に，横加速度を比較したものを図 6.1(j) に示す．

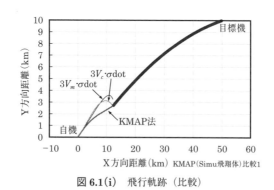

図 6.1(i)　飛行軌跡（比較）

図 6.1(j)　横加速度のタイムヒストリー（比較）

図 6.1(i) から,比例航法の場合では会合地点付近で急激な旋回となっているが,KMAPゲイン最適化法の場合は初期段階から旋回をして会合地点付近では直線的な運動となっていることがわかる.これは,図 6.1(j) の横加速度のタイムヒストリーからも確認できる.

表 6.1(b) は,ミスディスタンス性能を比較したものであるが,比例航法(1)の性能に対して比例航法(2)は接近速度情報を利用したことでミスディスタンス性能が向上している.これに対してKMAPゲイン最適化による最適航法の結果は,比例航法の結果と比較すると性能がさらに向上していることがわかる.

表 6.1(b) ミスディスタンス性能の比較

| No. | 誘導則 | 誘導に用いる情報 | ミスディスタンス |
|---|---|---|---|
| 1 | $a_m = 3V_m \dot{\sigma}$ | LOSレートと自機速度 $V_m$ | 620(m) |
| 2 | $a_m = 3V_c \dot{\sigma}$ | LOSレートと接近速度 $V_c$ | 9.7(m) |
| 3 | KMAP法による2点境界値問題の解 | 自機と目標機の初期位置,初期経路角,速度(一定),目標機の加速度(一定) | 0.015(m) |

第6章 位置を指定した運動問題

### 例題 6.2　2 輪車両の車庫入れ（領域制限なし）

図 6.2(a) に示す 2 輪車両の運動方程式は次のように表される．

$$\begin{cases} \dot{x} = v\cos\theta \\ \dot{y} = v\sin\theta \\ \dot{\theta} = \omega \end{cases} \quad (1)$$

ここで，$v$ は 2 輪車両の中点における速度ベクトルの大きさ，$\omega$ は速度ベクトルの回転角速度，$\theta$ は速度ベクトルの方向を表す．このとき，速度 $v$ と角速度 $\omega$ を制御することにより，到着点位置に車庫入れせよ．

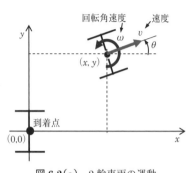

図 6.2(a)　2 輪車両の運動

　この問題では，到着点において速度の大きさと方向はいずれも 0 になる必要がある 2 点境界値問題である．切り返し操舵などを含むこの種の問題は，連続なフィードバック制御則では不可能であり，また近似的に線形化しても制御することはできない問題である．このような問題を解く方法としては，その評価区間を刻々と移動させて 2 点境界値問題を解くモデル予測制御（Receeding Horizon 制御ともいわれる）の方法がある．また，時間軸に特定の状態をとりその状態を制御に用いていく時間軸状態制御の方法や，あらかじめ軌道を設定してその軌道との誤差を 0 に収束させる方法などがある．軌道を設定する方法においては切り返し地点をどうするかなどの問題がある．これらいずれの方法も難しい理論的考察が必要であり，初学者にとっては敷居が高い感がある．

　これに対して，KMAP ゲイン最適化法ではこの種の問題を簡単に解くことができる．これは，ドライバーが実際に車庫入れする際の操作量を直接的に求める方法である．具体的には，速度ベクトルの大きさ $v$ とその方向の角速度 $\omega$ を一定時間ごとのコマンド量の値を設定して，図 6.2(b) に示すようにそれらの折れ線からなる時間関数を仮定してシミュレーションを行い，車両の到着点において速度の大きさと方向がいずれも 0 になるコマンド量の最適組み合わせを探索する単純な方法である．この方法では，操作応答のみが必要な情報である．

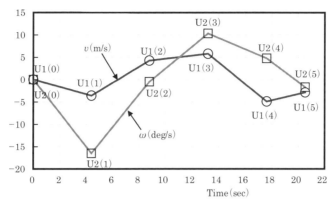

図 **6.2(b)**　速度と角速度の時間関数の例

シミュレーション計算時の初期条件と終端条件は次のように設定する．

【初期条件】 $\begin{cases}(x,y,\theta)=(10\text{ m},\ 20\text{ m},\ 0\text{ deg})\\(v,\omega)=(0\text{ m/s},\ 0\text{ deg/s})\end{cases}$ (2)

【終端条件】 $\begin{cases}(x,y,\theta)=(0\text{ m},\ 0\text{ m},\ 0\text{ deg})\\(v,\omega)=(0\text{ m/s},\ 0\text{ deg/s})\end{cases}$ (3)

【評価関数】　$J=y^2+\theta^2+v^2+\omega^2$ (4)

ここでは，2輪車両の運動領域に制限がない場合について解を求めた結果を以下に示す．

(1)式の車両運動方程式を，図 **6.2(b)** の操作入力 $v$ および $\omega$ を用いて，(2)式の初期条件のもとで，(3)式の終端条件を満足するとともに，評価関数が最小になるように KMAP ゲイン最適化を実施した結果を図 **6.2(c)** および図 **6.2(d)** に示す．

第6章 位置を指定した運動問題

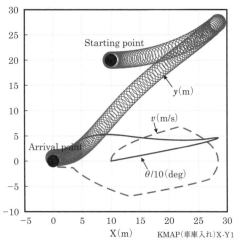

図 **6.2(c)** 車両軌跡（領域制限なし）
(KOPT.13.2 輪車両の車庫入れ問題 3.Y180602.DAT)

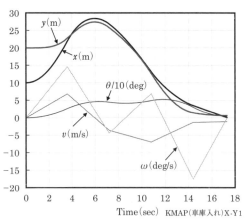

図 **6.2(d)** タイムヒストリー（領域制限なし）

　図 **6.2(c)** は，車両運動の平面の軌跡と，速度 $v$ および速度の方向 $\theta$ を示したものである．最初，速度の増加とともに，機首を左に振りながら約 10 m 進んだ後，切り返して $\theta \fallingdotseq 50°$ の姿勢で X $\fallingdotseq$ 5 m 付近までバックし，最後にゆっくりと $\theta$ を 0 に戻している様子がわかる．この車両軌跡は，我々が車を運転して車庫入れす

78

る場合に似ていると考えられる．

　図 6.2(d) は，時間応答を示したものである．約 17 秒において，全ての状態量が 0 に収束していることがわかる．

　今回の 2 輪車両の車庫入れの例では，操作入力 2 個に対してそれぞれ 5 点（初期の 0 は除く），合計 10 個のデータを 100 万回の繰り返し計算で求めたが，普通のパソコンにて数分で計算が終了した．ここで用いた方法は，いわゆるモンテカルロ法であるが，今回の例でわかるように，簡単に解を得ることができるのは驚きでもある．あたかも熟練したドライバーが少しずつ効率のよい運転方法を見つけていくのと同じこの方法は，恐らく非常に複雑な問題を解く方法として自然な方法のように感じられる．

第6章 位置を指定した運動問題

## 例題 6.3　2輪車両の車庫入れ（領域制限あり）

図 6.2(a) に示す2輪車両の運動方程式は次のように表される．

$$\begin{cases} \dot{x} = v\cos\theta \\ \dot{y} = v\sin\theta \\ \dot{\theta} = \omega \end{cases} \quad (1)$$

ここで，$v$ は2輪車両の中点における速度ベクトルの大きさ，$\omega$ は速度ベクトルの回転角速度，$\theta$ は速度ベクトルの方向を表す．いま，移動領域に制限があるとき，速度 $v$ と角速度 $\omega$ を制御することにより，到着点位置に車庫入れせよ．

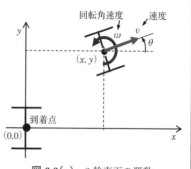

図 6.3(a)　2輪車両の運動

例題 6.2 では，車庫入れにおいて領域制限はないとして解を求めた．ここでは，車庫に到達するまでに2か所の壁がある場合について解いた結果を示す．運動方程式，初期条件および終端条件は例題 6.2 と同じである．

【初期条件】　$\begin{cases} (x, y, \theta) = (10 \text{ m}, \ 20 \text{ m}, \ 0 \text{ deg}) \\ (v, \omega) = (0 \text{ m/s}, \ 0 \text{ deg/s}) \end{cases}$ （2）

【終端条件】　$\begin{cases} (x, y, \theta) = (0 \text{ m}, \ 0 \text{ m}, \ 0 \text{ deg}) \\ (v, \omega) = (0 \text{ m/s}, \ 0 \text{ deg/s}) \end{cases}$ （3）

【評価関数】　$J = y^2 + \theta^2 + v^2 + \omega^2$ （4）

車両の運動領域に制限が有る場合についての結果を図 6.3(b) および図 6.3(c) に示す．領域制限は，左側 $x = -5$ m の壁と，$x \geq 5$ m および $y = 16.5$ m の壁である．

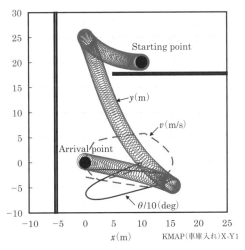

図 6.3(b)　車両軌跡（領域制限あり）
(KOPT.13.2 輪車両の車庫入れ問題 1.Y180602.DAT)

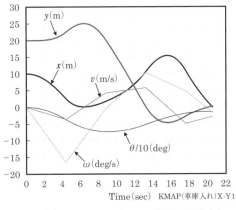

図 6.3(c)　タイムヒストリー（領域制限あり）

図 6.3(b) は，車両運動の平面の軌跡と，速度 $v$ および速度の方向 $\theta$ を示したものである．$y=16.5\,\mathrm{m}$ に壁があるので，最初に車両はバックを始めるが，このとき，車両の後ろを左に振っていることがわかる．$x=0\,\mathrm{m}$ の地点まで下がると，切り返して機首を右に振りながら前進する．このとき $\theta=-70°$ 程度になっている．そして，$y=16.5\,\mathrm{m}$ の壁を避けて通過すると，今度は機首をゆっくりと左に戻しながら $x=15\,\mathrm{m}$，$y=-5\,\mathrm{m}$ 付近まで到達する．ここで，もう一度切り返

して，$\theta$ を 0 に戻しながら終端地点に到着する．ここで示した壁がある場合の車両軌跡も，恐らく我々が車を運転して車庫入れする場合に似たものになると考えられる．

図 **6.3**(c) は，時間応答を示したものである．約 20 秒において，全ての状態量が 0 近辺に収束していることがわかる．

今回の 2 輪車両の車庫入れの例では，操作入力 2 個に対してそれぞれ 5 点（初期の 0 は除く），合計 10 個のデータを 100 万回の繰り返し計算で求めたが，普通のパソコンにて数分で計算が終了した．領域が制限されていることによる特別な計算ルールを与えているわけではないが，領域が制限されるとそれを避けながら車庫入れする解が得られることは驚きでもある．

### 例題 6.4　2 輪車両の縦列駐車

図 6.4(a) に示す 2 輪車両の運動方程式は次のように表される．

$$\begin{cases} \dot{x} = v\cos\theta \\ \dot{y} = v\sin\theta \\ \dot{\theta} = \omega \end{cases} \quad (1)$$

ここで，$v$ は 2 輪車両の中点における速度ベクトルの大きさ，$\omega$ は速度ベクトルの回転角速度，$\theta$ は速度ベクトルの方向を表す．このとき，速度 $v$ と角速度 $\omega$ を制御することにより，到着点位置に縦列駐車せよ．

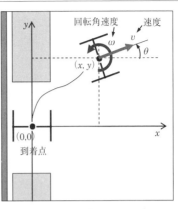

図 6.4(a)　2 輪車両の運動

この問題は，例題 6.2 および例題 6.3 と同じ 2 輪車両のモデルであるが，ここでは単なる車庫入れではなく，より難しい縦列駐車である．前後の車の間のスペースにおいて速度は 0 で車の方向は 90°になる必要がある．この問題に対しても，KMAP ゲイン最適化法を用いると簡単に解くことができる．やり方は例題 6.2

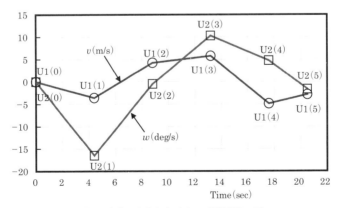

図 6.4(b)　速度と角速度の時間関数の例

の車庫入れ問題と同じである.

図 **6.4(b)** に示すように,速度ベクトル大きさ $v$ とその方向の角速度 $\omega$ を一定時間ごとのコマンド量の値を設定して,それらの折れ線からなる時間関数を仮定してシミュレーションを行い,車両の到着点において速度の大きさは 0,方向は 90°になるコマンド量の最適組み合わせを探索する単純な方法である.この方法では,操作応答のみが必要な情報である.

シミュレーション計算時の初期条件と終端条件は次のように設定する.

【初期条件】 $\begin{cases} (x,y,\theta) = (10 \text{ m},\ 0 \text{ m},\ 90 \text{ deg}) \\ (v,\omega) = (0 \text{ m/s},\ 0 \text{ deg/s}) \end{cases}$ (2)

【終端条件】 $\begin{cases} (x,y,\theta) = (0 \text{ m},\ 0 \text{ m},\ 90 \text{ deg}) \\ (v,\omega) = (0 \text{ m/s},\ 0 \text{ deg/s}) \end{cases}$ (3)

【評価関数】 $J = y^2 + \theta^2 + v^2 + \omega^2$ (4)

(1)式の車両運動方程式を,図 **6.4(b)** の操作入力 $v$ および $\omega$ を用いて,(2)式の初期条件のもとで,(3)式の終端条件を満足するとともに,評価関数が最小になるように KMAP ゲイン最適化を実施した結果を図 **6.4(c)** および図 **6.4(d)**

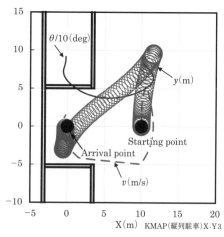

図 **6.4(c)** 車両軌跡
(KOPT.21.2 輪車両の縦列駐車 1.Y180602.DAT)

に示す.

図 **6.4(c)** は，車両運動の平面の軌跡と，速度 $v$ および速度の方向 $\theta$ を示したものである．初期位置は駐車位置の真横にあるため，まず車両は前方方向からやや右に進んでいる．その後，駐車位置にバックすれば入ることが可能な位置で停止する．次に車両はバックを始めて駐車スペースに収まるように角度 $\theta$ を減少させながら駐車位置近くまでバックする．その後，駐車位置（原点）近くで車両の向きを 90°近くまで増加させて，駐車スペースの後端で停止する．次にゆっくりと前進して向きを 90°に向けながら駐車位置に停止する．

この車両軌跡は，2 回切り返しを行っているが，これに関する計算条件は何も与えていない．駐車スペースにおいて終端条件を満足するように自動的に切り返しが行われ，車両の軌跡も我々が車を運転して縦列駐車する場合に似ていると考えられる．

図 **6.4(d)** は，時間応答を示したものである．約 12 秒において，車両位置は原点に到達し，方向も 90°となっていることが確認できる．

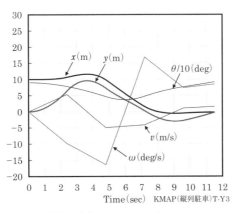

図 **6.4(d)**　タイムヒストリー

## 例題 6.5　走行クレーンの指定位置での振れ止め静止

図 6.5(a) に示す走行クレーンの運動方程式は次のように表される.

$$\begin{cases} (M+m)\ddot{z} = ml\dot{\theta}^2 \sin\theta - ml\ddot{\theta}\cos\theta + u \\ I\ddot{\theta} = mgl\sin\theta - ml\ddot{z}\cos\theta \end{cases} \tag{1}$$

ここで，$M$ は台車の質量，$m$ はクレーンの質量，$l$ はクレーンの回転中心から重心までの長さ，$\theta$ は回転角度，$z$ は台車の位置，$u$ は操作力，$I$ はクレーンの P 点まわりの慣性モーメントである．このとき，まっすぐ垂れ下がったクレーンを操作力 $u$ によって指定した位置で振れ止め静止させよ．

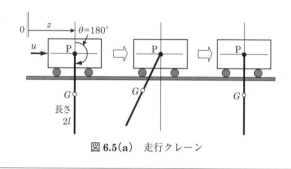

図 6.5(a)　走行クレーン

この走行クレーンの運動方程式は，例題 7.5 の倒立振子の振り上げ問題と同じである．走行クレーンは，操作力 $u$ で台車を右に押すと，クレーンは左側に回転し角度 $\theta$ は 180° 以上になる．こうして台車をある指定位置まで移動させたとき，台車およびクレーンを元の静止状態にせよ，というのがこの問題である．これを実現する操作力の最適化問題を解くのは一般的に簡単ではない．ところが，KMAP ゲイン最適化法を用いると簡単に解くことができる．具体的には，求めたい操作力コマンドの時間関数を仮定してシミュレーションにより，指定位置で静止するかどうかを調べ，条件を満足するコマンド量の最適組み合わせを探索するという単純な方法である．この方法では，操作応答のみが必要な情報である．

走行クレーンの運動方程式をシミュレーションするために，(1)式を1階の微分方程式に変換すると次のようになる．これも倒立振子と同じ式であるが，倒立振子と異なるのは終端条件である．

$$\begin{cases} \dot{x}_1 = x_2 \\ \dot{x}_2 = \dfrac{A\sin x_1 \cos x_1 \cdot x_2^2 - g\sin x_1 + B\cos x_1 \cdot u}{A\cos^2 x_1 - C} \\ \dot{x}_3 = x_4 \\ \dot{x}_4 = g\tan x_1 - C \cdot \dfrac{A\sin x_1 \cdot x_2^2 - g\tan x_1 + B \cdot u}{A\cos^2 x_1 - C} \end{cases} \quad (2)$$

ただし，

$$\begin{cases} x_1 = \theta, \quad x_2 = \dot{\theta}, \quad x_3 = z, \quad x_4 = \dot{z} \\ A = \dfrac{ml}{M+m}, \quad B = \dfrac{1}{M+m}, \quad C = \dfrac{I}{ml} \end{cases} \quad (3)$$

である．なお，質量および振子の長さは次の値とする．

$$M = 1(\text{kg}), \quad m = 1(\text{kg}), \quad l = 1(\text{m}), \quad I = \frac{4}{3}ml^2 = 1.333 \ (\text{kg} \cdot \text{m}^2) \quad (4)$$

シミュレーション計算時の初期条件と終端条件は次のように設定する．

【初期条件】 $x_1 = 180°, \quad x_2 = x_3 = x_4 = 0$ \quad (5)

【終端条件】 $\begin{cases} \text{(前半)} \quad x_1 = 180°, \quad x_3 = 3(\text{m}), \quad x_2 = x_4 = 0 \\ \text{(後半)} \quad x_1 = 180°, \quad x_3 = 8(\text{m}), \quad x_2 = x_4 = 0 \end{cases}$ \quad (6)

【評価関数】 $\begin{cases} \text{(前半)} \quad J = (x_1 - 180)^2 + x_2^2 \\ \text{(後半)} \quad J = 100(x_1 - 180)^2 + x_2^2 + x_4^2 \end{cases}$ \quad (7)

## (1) 一定値を短時間入力した場合の応答

まず，走行クレーンのシステム特性をみるために，操作力 $u = 5(\text{N})$ を 0.5 秒間入力した場合の応答特性を図 **6.5(b)** に示す．0.5 秒後は自由応答となるが，摩擦は考慮していないので，$\theta = 180 \pm 23°$，周期約 2 秒の振動が持続することがわかる．

第6章 位置を指定した運動問題

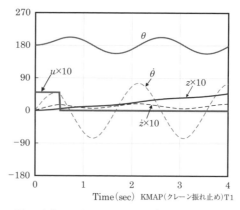

図 6.5(b)　タイムヒストリー（＝5N を 0.5 秒）
（KOPT.23. クレーン振れ止め問題 3.Y180617.DAT）

## （2）操作力の時間関数

KMAP ゲイン最適化法では，図 6.5(c) のように操作力 $u$ に関する時間関数を設定する．ここでは，走行クレーンの振れ止め問題を次の3つのフェーズによって扱う．

まず，クレーン走行後，移動距離 $z=3(\mathrm{m})$ のA点でクレーンの振動を静止させる．次に，$z=5(\mathrm{m})$ のB点までは速度一定で走行させる．ここでは操作力は $u=0$ である．最後に，$z=8(\mathrm{m})$ のC点で台車とクレーンをともに静止させる．このA点までと，B点～C点における操作力をそれぞれ時間関数の折れ線で表

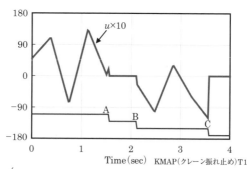

$$\begin{pmatrix} [\mathrm{A}]\ z=3\,\mathrm{m}\ 地点：台車は走行中で，クレーン振動は静止 \\ [\mathrm{B}]\ z=3\,\mathrm{m}～z=5\,\mathrm{m}：台車は一定速度で走行（u=0） \\ [\mathrm{C}]\ z=8\,\mathrm{m}\ 地点：台車走行とクレーン振動はともに静止 \end{pmatrix}$$

図 6.5(c)　入力の時間関数例

すが，この各点の値は乱数を用いて定義する．なお，コマンド量は±20(N)の範囲内とした．この操作力 $u$ を用いて，(2)式の運動方程式を(5)式の初期条件のもとで，(6)式の終端条件を満足するとともに，評価関数が最小になるようにKMAPゲイン最適化により解を求める．

## (3) 走行クレーンの振れ止め(1)－B点までの解

ここでは，移動距離 $z=3$ (m) のA点でクレーンの振動を静止させ，ここから $z=5$ (m) のB点までは速度一定で走行させる解を求める．得られた結果を図 **6.5(d)** に示す．

図 **6.5(d)** から，操作力 $u$ を加えると台車が右に動き始め，これによってクレーンは左に傾きはじめることがわかる．ここで，操作力 $u$ を戻すと加速度が負になり，クレーンの傾きは元に戻りはじめる．この後，再び操作力 $u$ を押し引きすると，指定した $z=3$ (m) のA点でクレーンがまっすぐ下に向き回転速度も0になることがわかる．このときの経過時間は1.55秒である．この後，操作力 $u$ を0とすると，クレーンは一定速度3.7(m/s)で右に走行し，$z=5$ (m) のB点には経過時間2.1秒に到達する．

このように，指定した位置までクレーンを走行させて，クレーンを振れ止めさせることは簡単なことではないが，KMAPゲイン最適化法を用いると簡単に解

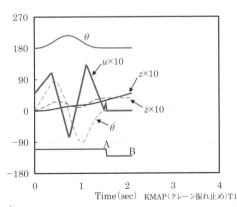

図 **6.5(d)** タイムヒストリー（～B点）
(KOPT.23. クレーン振れ止め問題 2.Y180617.DAT)

第6章 位置を指定した運動問題

が得られることがわかる．

## （4）走行クレーンの振れ止め（2）－C点までの解

次に，図 **6.5(d)** の結果に引き続き，$Z=5(\mathrm{m})$ の B 点から台車を減速させて，$z=8(\mathrm{m})$ の C 点において台車とクレーンをともに静止させる．得られた結果を図 **6.5(e)** に示す．

B 点から操作力 $u$ を負にすると，台車は減速し始めるが，クレーンは右側に回転を始める．この後，操作力 $u$ を押し引きすることによって，C 点に到達するときに台車の速度が 0 となり，さらにクレーンがまっすぐ下を向いた状態で回転速度も 0 となる．このときの経過時間は 3.66 秒である．

このように，KMAP ゲイン最適化法を用いると，数回の操作力の押し引きによって，指定した位置にクレーンを走行させて，クレーンの回転を走行開始時と到着時のみに限定する解を簡単に得ることができる．今回の例では，100 万回の繰り返し計算で求めたが，普通のパソコンにて 1 分程度で計算が終了した．あたかも熟練した操作員が少しずつ解を繰り返し操作によって見つけていくようなこの方法は，恐らく非常に複雑な問題を解く方法として自然な方法のように感じられる．

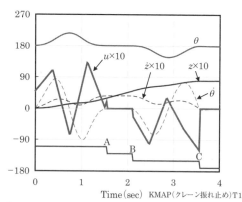

［A］$z=3\,\mathrm{m}$ 地点：台車は走行中で，クレーン振動は静止
［B］$z=3\,\mathrm{m}\sim z=5\,\mathrm{m}$：台車は一定速度で走行（$u=0$）
［C］$z=8\,\mathrm{m}$ 地点：台車走行とクレーン振動はともに静止

図 **6.5(e)** タイムヒストリー（～C点）
(KOPT.23. クレーン振れ止め問題 1.Y180617.DAT)

# 第 7 章　位置と時間を指定した運動問題

本章では，システムの状態変数 $x$ とその時間微分である $\dot{x}$ によってシステムの運動が記述されているとき，初期条件および終端条件を満足し，$x$ の制約条件のもとで，評価関数を最小にする最適制御入力を見いだす問題のうち，位置と時間を指定した運動問題を例題により学ぶ．

### 例題 7.1　20 秒後，指定高度にて水平速度を最大化

図 7.1(a) に示すように，質量 $m$ の機体に水平位置から角度 $\beta$ の方向に推力 $T$ を与えて，20 秒後の水平速度を最大にする制御入力 $\beta$ を求めよ．このときの高度は初期から 500 m の上空とし，垂直速度 0 とする．
なお，空気力および重力は無視できるとし，質量および推力は一定とする．

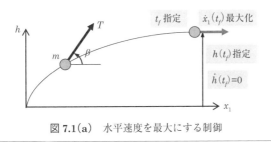

図 7.1(a)　水平速度を最大にする制御

この例は，文献 5)，11) に非線形最適制御の問題として理論的に解く方法が詳しく説明されている．ここでは，KMAP ゲイン最適化法によりこの問題を解き，文献の結果と比較する．

図 7.1(a) のシステムの運動方程式は次のように表される．

## 第7章 位置と時間を指定した運動問題

$$\begin{cases} m\ddot{x}_1 = T\cos\beta \\ m\ddot{h} = T\sin\beta \end{cases} \tag{1}$$

いま，$x_1$ は水平方向変位，$x_2 = h$ は高度，$x_3$ は水平速度，$x_4$ は垂直速度．加速度 $a = T/m = 2g = 19.6\,(\mathrm{m/s^2})$ とおくと，次の1階の微分方程式が得られる．

$$\begin{cases} \dot{x}_1 = x_3 \\ \dot{x}_2 = x_4 \\ \dot{x}_3 = a\cos\beta \\ \dot{x}_4 = a\sin\beta \end{cases} \tag{2}$$

初期条件，終端条件および評価関数は次とする．

【初期条件】 $x_1 = x_2 = x_3 = x_4 = \beta = 0$ (3)

【終端条件】 $t_f = 20$ 秒，$x_2 = h = 500\,(\mathrm{m})$，$x_4 = \dot{h} = 0$ (4)

【評価関数】 $J = -x_3$ （水平速度最大） (5)

この評価関数 $J$ を最小にすることで，終端時刻 $t_f = 20$ 秒において水平速度の最大値を探索する．

KMAP ゲイン最適化法では，制御入力 $\beta$ を時間関数として設定する．ここでは，終端時刻20秒間を8点の折れ線関数で表す．この8個の各点は，乱数を用いて定義する．このように設定した制御入力 $\beta$ を用いて，(2)式に示した運動方程式を (3)式の初期条件のもとで，終端時刻 $t = 20$ 秒における (4)式の終端条件を満足するとともに，評価関数が最小になるように最適化計算を実施する．

図 **7.1(b)** は，最適化解によるシミュレーション結果である．終端時刻 $t_f = 20$ 秒における高度は指定値の 500 m となっており，そのときの垂直速度は 0.7 m/s 程度と小さな値となっている．評価関数の水平最大速度は 7.21 m/s である．

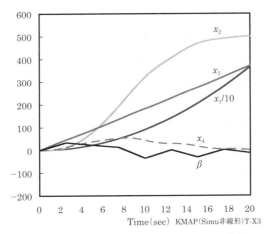

**図 7.1(b)** 最適化解によるシミュレーション結果
(KOPT.27.水平速度最大制御 1.Y180723.DAT)

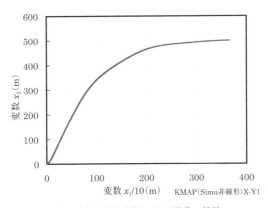

**図 7.1(c)** 最適化解による運動の軌跡

図 7.1(c) は，最適化解による運動の軌跡である．$t_f = 20$ 秒における水平方向変位 $x_1$ は 3,661 m，高度は 500.0 m であり，運動は滑らかな軌跡を描いていることがわかる．

表 7.1(a) は，最適化解の結果を文献 5)，11) の結果と比較したものである．水平速度の最大値は，文献の値より若干小さいが，その誤差は 3% であり比較的よい精度で解が得られていることがわかる．また，垂直速度については，水平速度の 0.2% 程度の誤差である．

文献に示されている解を導くことはかなり難しいことであるが，ここで示した

第 7 章　位置と時間を指定した運動問題

表 7.1(a)　最適解の文献との比較

|  | KMAP 法 | 文献 5), 11) |
|---|---|---|
| 水平変位 $x_1$(m) | 3661 | — |
| 高度変位 $x_2$(m) | 500.0 | 500 |
| 水平速度 $x_3$(m/s) | 371.0 | 382.2 |
| 垂直速度 $x_4$(m/s) | 0.718 | 0 |

ように，KMAP ゲイン最適化法を用いると簡単に解を得ることができる．なお，本問題では，終端時刻，高度および垂直速度を指定して，水平速度を最大にするものであるが，時刻の代わりに水平速度を指定し，終端時刻を最小にする最短時間問題について第 4 章に示した．

### 例題 7.2　2慣性共振系の時間指定の振動抑制（1）

図 7.2(a) に示す 2 つの質量がばねで結合された 2 慣性共振系の運動方程式は次のように表される．

$$\begin{cases} m_1 \ddot{x}_1 = -k(x_1 - x_2) + u \\ m_2 \ddot{x}_2 = -k(x_2 - x_1) \end{cases} \quad (1)$$

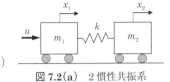

図 7.2(a)　2慣性共振系

ここで，$m_1$ および $m_2$ は質量，$x_1$ および $x_2$ は質量の水平位置，$k$ はばね定数，$u$ は操作力である．ばねが自然長のとき $x_1 = x_2 = 0$ とする．このとき，ばねが伸びている状態から手を離したとき，操作力によって指定した時間に振動を止めよ．

---

この 2 慣性共振系は，操作力がなければいつまでも振動が続くシステムである．このシステムを指定した時間に 2 つの質量を釣り合い位置に戻し，しかも速度を 0 にする必要がある．これを実現する操作力の最適化問題を解くのは一般的に簡単ではない．ところが，KMAP ゲイン最適化法を用いると簡単に解くことができる．このシステムの運動方程式は線形であるが，操作力は非線形関数である．

図 7.2(b) は，2 慣性共振系の運動方程式をラプラス変換してブロック図にしたものである．これにより，このシステムの質量の動きと力の作用状況がよくわかる．

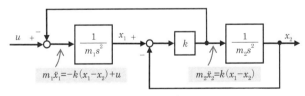

図 7.2(b)　2慣性共振系のブロック図

## 第7章 位置と時間を指定した運動問題

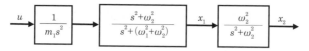

図 7.2(c) 2慣性共振系の伝達関数表示

(1)式の運動方程式をラプラス変換してさらに変形すると，2慣性共振系は図 7.2(c) のようにも表される．ただし，

$$\omega_1 = \sqrt{\frac{k}{m_1}}, \quad \omega_2 = \sqrt{\frac{k}{m_2}} \tag{2}$$

である．図 7.2(c) により，操作力 $u$ によって質量 $m_1$ と $m_1$ がどのように振動するのかがよくわかる．$u$ に対する $x_1$ の伝達関数の零点と，$x_1$ に対する $x_2$ の極は同じであるので，$u$ に対して $x_1$ および $x_2$ は同じ固有振動数 $\sqrt{\omega_1^2 + \omega_2^2}$ で振動することがわかる．いま，質量およびばね定数は次の値

$$m_1 = m_2 = 1 \text{(kg)}, \quad k = 1 \text{(N/m)} \tag{3}$$

とすると，この2慣性共振系の極は次の4個の値となる．

$$s = 0, \ 0, \ \pm\sqrt{\omega_2^2 + \omega_1^2} \ (= \pm j1.414) \qquad (k=1 \text{の場合}) \tag{4}$$

したがって，このときは周期 4.4 秒の振動となる．

さて，2慣性共振系の運動方程式をシミュレーションするために，(1)式を1階の微分方程式に変換すると次のようになる．

$$\begin{cases} \dot{x}_1 = x_3 \\ \dot{x}_2 = x_4 \\ \dot{x}_3 = -\dfrac{k}{m_1}(x_1 - x_2) + \dfrac{1}{m_1}u \\ \dot{x}_4 = -\dfrac{k}{m_2}(x_2 - x_1) \end{cases} \tag{5}$$

なお，以下で考える質量およびばね定数は次の値とする．

$$m_1 = m_2 = 1 \text{(kg)}, \quad k = 1 \text{(N/m)} \ \text{と} \ k = 0.5 \text{(N/m)} \ \text{の 2 ケース} \tag{6}$$

シミュレーション計算時の初期条件と終端条件は次のように設定する．

【初期条件】 $x_1 = 1 \text{(m)}, x_2 = 2 \text{(m)}, x_3 = x_4 = 0$ (7)

【終端条件】 $t_f = 6$ 秒, $x_1 = x_2 = x_3 = x_4 = 0$ (8)

【評価関数】 $J = x_1^2 + x_2^2 + x_3^2 + x_4^2$ (9)

このとき, 操作力 $u$ によって指定した時間 ($t=6$ 秒) に振動を止めることを考える. なお, 6 秒以降は操作力 $u$ を 0 とする.

## (1) 操作力がない場合の応答 ($k=1$)

まず, 操作力 $u$ がない場合に, 2 慣性共振系の運動が (5)式の初期条件のときにどのような運動になるか計算した結果を図 **7.2(d)** に示す. このケースでは, 初期状態が $x_1 = 1 \text{(m)}, x_2 = 2 \text{(m)}$ であるので, ばねは $1 \text{(m)}$ 伸びている. したがって, 質量 1 は右に, 質量 2 は左に動きだした後, $x_1 = x_2 = 1.5 \text{(m)}$ のときに, ばねは自然長となるが速度が 0 ではないので, 2 つの質量は動き続ける. 結局, 減衰がないので $x_1 = x_2 = 1.5 \text{(m)}$ を中心として, 振幅 $0.5 \text{(m)}$ の振動が持続することになる. このケースの振動は上記で述べたように周期 4.4 秒の振動となる.

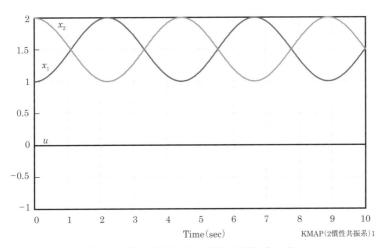

図 **7.2（d）** 操作力がない場合の応答 ($k=1$)
(KOPT.18.2 慣性共振系振動抑制 2.Y180520.DAT)

第 7 章 位置と時間を指定した運動問題

## (2) 操作力を適当にいれた場合の応答 ($k=1$)

図 7.2(d) に示したように,操作力がない場合は,$x_1$ と $x_2$ の初期値の平均値を中心として振動が持続する.そこで,操作力 $u$ を入力すると,どのような影響がでるのか調べた結果を図 7.2(e) に示す.最初 $u$ を負にすると質量 1 が右に移動する量が小さくなり,$t=2$ 秒ではほぼ初期値の $x_1=1(\mathrm{m})$ 付近まで戻っている.$t=3$ 秒になると,$x_1$ は 0,$x_2=0.2(\mathrm{m})$ となっている.この後,$t=3$ 秒以降は入力 $u$ を 0 としたが,$t=3$ 秒のときの 2 つの質量の位置が異なることと速度が 0 ではないため振動が持続する.$t=3$ 秒以降に 2 つの質量は左側に移動し続けるが,これは操作力を負に(左向きに)加えた結果,摩擦のないシステムが

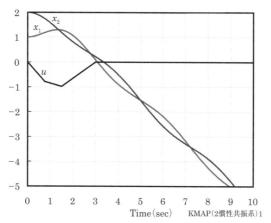

図 7.2(e) 操作力を適当にいれた場合の応答 ($k=1$)
(EIGE.2MASS-SPRING2-4.Y180520.DAT)

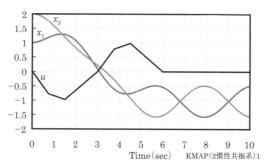

図 7.2(f) 操作力の合計が 0 の場合の応答 ($k=1$)
(EIGE.2MASS-SPRING2-5.Y180520.DAT)

等速運動しているためである．

そこで，操作力 $u$ を，$t=0 \sim 3$ 秒までの入力を今度は正の値にして，$t=3 \sim 6$ 秒に追加してみた結果が図 7.2(f) である．$t=6$ 秒までに入力された力の合計は0であるので，振動の中心位置は静止する．

## (3) KMAP ゲイン最適化による時間指定の振動抑制（$k=1$）

上記結果でわかるように，2慣性共振系に操作力 $u$ を適当に加えても，その運動を静止させるのは難しいことがわかる．ところが，KMAP ゲイン最適化法を用いると，以下に示すように簡単に指定時間 $t=6$ 秒にて振動を止めることができる．

まず，図 7.2(g) に示すように操作力の時間関数を仮定する．ここでは，指定した6秒間を8点の折れ線関数で表す．この8個の各点は，乱数を用いて定義

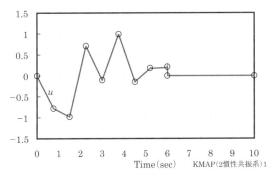

図 7.2(g)　操作力の時間関数の例

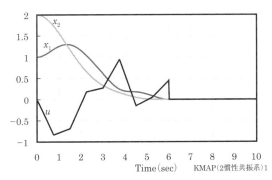

図 7.2（h）　指定時間 t=6 秒での振動抑制結果（$k=1$）
(KOPT.18.2 慣性共振系振動抑制 1.Y180520.DAT)

99

第7章 位置と時間を指定した運動問題

する．なお，コマンド量は±1の範囲内とした．この操作力 $u$ を用いて，(5)式の運動方程式を(7)式の初期条件のもとで，(8)式の終端条件を満足するとともに，評価関数が最小になるように KMAP ゲイン最適化を実施した結果を図 **7.2(h)** に示す．繰り返し計算は 100 万回実施したが，計算に要した時間は普通のパソコンで 1 分程度である．$t=6$ 秒以降，操作力が 0 の状態で振動が止まっていることが確認できる．

## (4) 操作力がない場合の応答（$k=0.5$）

次に，ばね定数が $k=0.5$ (N/m) の場合について解析してみる．まず，操作力 $u$ がない場合に，この 2 慣性共振系がどのような運動になるか計算した結果を図 **7.2(i)** に示す．図 **7.2(d)** と同様に，初期状態 $x_1=1$ (m)，$x_2=2$ (m) から動きだした後，$x_1=x_2=1.5$ (m) を中心に 2 振幅 0.5 (m) の振動が持続することになる．固有角振動数は $\sqrt{\omega_1^2+\omega_2^2}=1$ (rad/s) であるから，周期は 6.3 秒に増加している．

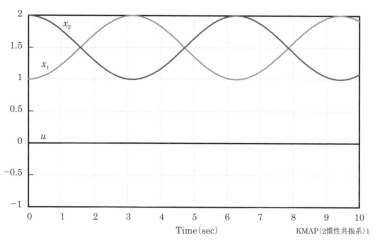

図 **7.2(i)** 操作力がない場合の応答（$k=0.5$）
(KOPT.18.2 慣性共振系振動抑制 4.Y180520.DAT)

## (5) KMAP ゲイン最適化による時間指定の振動抑制 ($k=0.5$)

ばね定数が $k=0.5$ (N/m) の場合について，KMAP ゲイン最適化法による結果を図 **7.2(j)** に示す．$t=6$ 秒以降，操作力が 0 の状態で振動が止まっていることが確認できる．図 **7.2(h)** の $k=1$ の場合と比べると，初期の操作力の動きが細かくなっているのがわかる．これは，ばね定数を小さくすると，周期が 4.4 秒から 6.3 秒に増加するため運動がゆるやかになる．そのため，$x_1$ を引き戻すための操作力が少なくてよいので，小刻みな動きになったものと思われる．

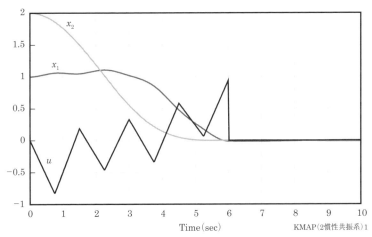

図 **7.2(j)** 指定時間 t=6 秒での振動抑制結果 ($k=0.5$)
(KOPT.18.2 慣性共振系振動抑制 3.Y180520.DAT)

第 7 章　位置と時間を指定した運動問題

### 例題 7.3　2 慣性共振系の時間指定の振動抑制（2）

図 7.3(a) に示す 2 つの質量 $m_1$ および $m_2$ がばね $k_1$ で結合され，質量 $m_2$ がばね $k_2$ で壁に結合された 2 慣性共振系の運動方程式は次のように表される．

$$\begin{cases} m_1 \ddot{x}_1 = -k_1(x_1 - x_2) + u \\ m_2 \ddot{x}_2 = -k_1(x_2 - x_1) - k_2 x_2 \end{cases} \tag{1}$$

ここで，$x_1$ および $x_2$ は質量の水平位置，$u$ は操作力である．ばねが自然長のとき $x_1 = x_2 = 0$ とする．このとき，ばねが伸びている状態から手を離したとき，操作力によって指定した時間に振動を止めよ．

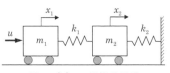

図 7.3(a)　2 慣性共振系

　この 2 慣性共振系は，例題 7.2 にばね $k_2$ を追加した場合で，壁から質量 $m_2$ に反力が入るのでより複雑なシステムで，操作力がなければいつまでも振動が続くシステムである．このシステムを指定した時間に 2 つの質量を釣り合い位置に戻し，しかも速度を 0 にする必要がある．これを実現する操作力の最適化問題を解くのは一般的に簡単ではない．ところが，KMAP ゲイン最適化法を用いると簡単に解くことができる．

　図 7.3(b) は，2 慣性共振系の運動方程式をラプラス変換してブロック図にしたものである．これにより，このシステムの質量の動きと力の作用状況がよくわかる．

　(1)式の運動方程式をラプラス変換してさらに変形すると，2 慣性共振系は図 7.3(c) のようにも表される．

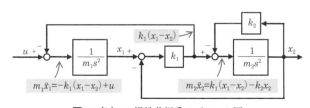

図 7.3(b)　2 慣性共振系のブロック図

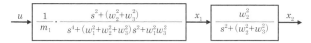

**図 7.3 (c)** 2慣性共振系の伝達関数表示

ただし,

$$\omega_1 = \sqrt{\frac{k_1}{m_1}}, \quad \omega_2 = \sqrt{\frac{k_1}{m_2}}, \quad \omega_3 = \sqrt{\frac{k_2}{m_2}} \tag{2}$$

である.

図 7.3(c) により,操作力 $u$ によって質量 $m_1$ と $m_2$ がどのように振動するのかがよくわかる.$u$ に対する $x_1$ の伝達関数の零点と,$x_1$ に対する $x_2$ の極は同じであるので,$u$ に対して $x_1$ および $x_2$ は同じ固有振動数で振動することがわかる.いま,質量およびばね定数は次の値

$$m_1 = m_2 = 1 \text{(kg)}, \quad k = 1 \text{(N/m)} \tag{3}$$

とすると,この2慣性共振系の極は次の4個の値となる.

$$s = \pm j0.765, \quad \pm j1.848 \tag{4}$$

したがって,周期 8.2 秒および 3.4 秒の2つの振動が合成された振動となって現れる.

さて,2慣性共振系の運動方程式をシミュレーションするために,(1)式を1階の微分方程式に変換すると次のようになる.

$$\begin{cases} \dot{x}_1 = x_3 \\ \dot{x}_2 = x_4 \\ \dot{x}_3 = -\dfrac{k_1}{m_1}(x_1 - x_2) + \dfrac{1}{m_1} u \\ \dot{x}_4 = -\dfrac{k_1}{m_2}(x_2 - x_1) - \dfrac{k_2}{m_2} x_2 \end{cases} \tag{5}$$

シミュレーション計算時の初期条件と終端条件は次のように設定する.

【初期条件】 $x_1 = 1 \text{(m)}, \quad x_2 = 2 \text{(m)}, \quad x_3 = x_4 = 0$ \hfill (6)

第7章　位置と時間を指定した運動問題

【終端条件】　$t_f = 6$ 秒,　$x_1 = x_2 = x_3 = x_4 = 0$ 　　　　　　(7)

【評価関数】　$J = x_1^2 + x_2^2 + x_3^2 + x_4^2$ 　　　　　　(8)

このとき，操作力 $u$ によって指定した時間（$t=6$ 秒）に振動を止めることを考える．なお，6秒以降は操作力 $u$ を0とする．

## (1) 操作力がない場合の応答

まず，操作力 $u$ がない場合に，2慣性共振系の運動が(6)式の初期条件のときにどのような運動になるか計算した結果を図 7.3(d) に示す．

このケースでは，初期状態が $x_1 = 1$(m)，$x_2 = 2$(m) であるので，ばねは $1$(m) 伸びている．したがって，質量1は右に，質量2は左に動きだした後，減衰がないので振動が持続することになる．この場合，上記のように，周期8.2秒および3.4秒の2つの振動が合成された複雑な振動となっていることがわかる．

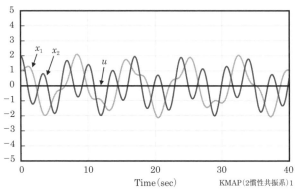

図 7.3 (d)　操作力がない場合の応答
（KOPT.18.2 慣性共振系振動抑制 A2.Y180715.DAT）

## (2) KMAP ゲイン最適化による時間指定の振動抑制

上記結果でわかるように，この2慣性共振系は複雑な運動をするため，操作力 $u$ によって運動を静止させるのは簡単ではない．ところが，KMAP ゲイン最適化法を用いると，以下に示すように簡単に指定時間 $t=6$ 秒にて振動を止めることができる．

まず，図 **7.3(e)** に示すように操作力の時間関数を仮定する．ここでは，指定した 6 秒間を 8 点の折れ線関数で表す．この 8 個の各点は，乱数を用いて定義する．なお，コマンド量は ±7 の範囲内とした．この操作力 $u$ を用いて，(5)式の運動方程式を (6)式の初期条件のもとで，(7)式の終端条件を満足するとともに，評価関数が最小になるように KMAP ゲイン最適化を実施した結果を図 **7.3(f)** に示す．$t=6$ 秒以降，操作力が 0 の状態で振動が止まっていることが確認できる．繰り返し計算は 100 万回実施したが，計算に要した時間は普通のパソコンで 1 分程度である．

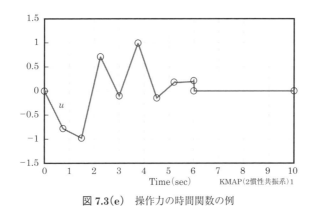

図 **7.3(e)**　操作力の時間関数の例

図 **7.3(f)**　指定時間 t=6 秒での振動抑制結果
(KOPT.18.2 慣性共振系振動抑制 A1.Y180715.DAT)

## 第7章 位置と時間を指定した運動問題

### 例題 7.4　単振り子の時間指定の振り上げ

図 7.4(a) に示す単振り子の運動方程式は次のように表される.

$$I\ddot{\theta} = mgl\sin\theta + u, \quad I = ml^2 \tag{1}$$

ここで，$m$ は質量，$l$ は単振り子の長さ，$\theta$ は回転角度，$u$ は回転トルク，$I$ は慣性モーメントである．このとき，垂れ下がった単振り子を回転トルク $u$ によって，指定した時間にまっすぐ上に振り上げよ．

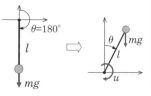

図 7.4(a)　単振り子の振り上げ

単振り子がまっすぐ上に立った状態では，振子の回転速度は 0 になっている必要がある．しかも指定した時間にそれを達成するものとする．これを実現する回転トルクの最適化問題を解くのは一般的に簡単ではない．ところが，KMAP ゲイン最適化法を用いると簡単に解くことができる．具体的には，求めたいトルクコマンドの時間関数を仮定してシミュレーションにより，単振り子を垂れ下がった状態から振り上げて，指定した時間にまっすぐ上に静止するかどうかを調べ，条件を満足するコマンド量の最適組み合わせを探索するという単純な方法である．この方法では，操作応答のみが必要な情報である．

さて，単振り子の運動方程式をシミュレーションするために，(1)式を1階の微分方程式に変換すると次のようになる．

$$\begin{cases} \dot{\theta} = \theta_2 \\ \dot{\theta}_2 = \dfrac{g}{l}\sin\theta + \dfrac{1}{ml^2}u \end{cases} \tag{2}$$

なお，質量および長さは次の値とする．

$$m = 1 \text{(kg)}, \quad l = 1 \text{(m)} \tag{3}$$

シミュレーション計算時の初期条件と終端条件は次のように設定する．

【初期条件】$\theta = 180°, \quad \dot{\theta} = 0$ \hfill (4)

【終端条件】 $t_f = 6$秒,4秒,3秒,2秒, $\theta = \dot{\theta} = 0$ （5）

【評価関数】 $J = \theta^2 + \dot{\theta}^2$ （6）

このとき，回転トルク $u$ によって指定した時間に単振り子を振り上げることを考える．なお，指定時間以降はトルク $u$ を0とする．

(1) 振り上げ指定時間 $t=6$ 秒の場合

KMAP ゲイン最適化法では，図 7.4(b) のように入力に関する時間関数を設定する．ここでは，指定した6秒間を8点の折れ線関数で表す．この8個の各点は，乱数を用いて定義する．なお，コマンド量は±20(N) の範囲内とした．

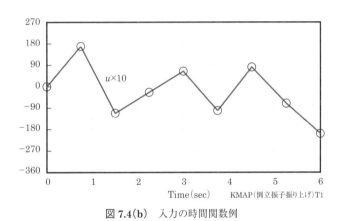

図 7.4(b) 入力の時間関数例

このトルク $u$ を用いて，(2)式の運動方程式を (4)式の初期条件のもとで，(5)式の終端条件を満足するとともに，評価関数が最小になるように KMAP ゲイン最適化を実施した結果を図 7.4(c) ～図 7.4(e) に示す．

第 7 章　位置と時間を指定した運動問題

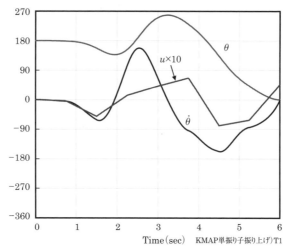

図 7.4(c)　タイムヒストリー（t=6 秒）
（KOPT.19. 単振り子の振り上げ 1.Y180527.DAT）

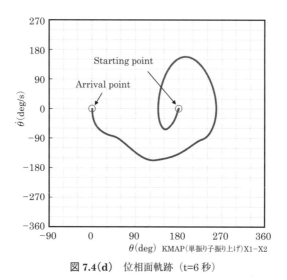

図 7.4(d)　位相面軌跡（t=6 秒）

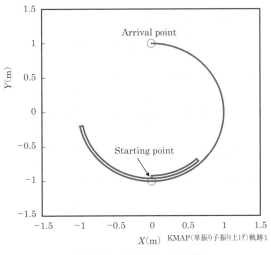

図 7.4(e)　運動軌跡（t=6 秒）

このケースでは，t=6 秒において振り上げ 3 回目でまっすぐ上に振り上げられて静止していることがわかる．

## (2) 振り上げ指定時間 t=4 秒の場合

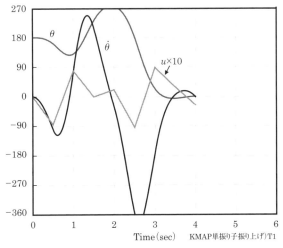

図 7.4(f)　タイムヒストリー（t=4 秒）
(KOPT.19. 単振り子の振り上げ 2.Y180527.DAT)

第 7 章　位置と時間を指定した運動問題

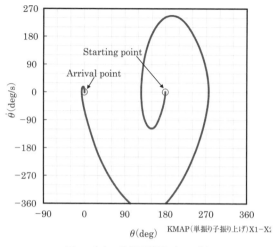

図 7.4(g)　位相面軌跡（t=4 秒）

このケースでは，$t=4$ 秒において振り上げ 3 回目でまっすぐ上に振り上げられて静止していることがわかる．ただし，頂点において少し行きすぎて戻っている様子も見られる．

(3) 振り上げ指定時間 $t=3$ 秒の場合

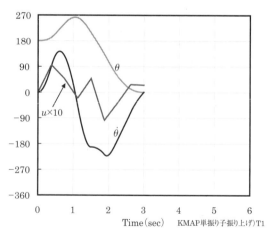

図 7.4（h）　タイムヒストリー（t=3 秒）
(KOPT.19. 単振り子の振り上げ 3.Y180527.DAT)

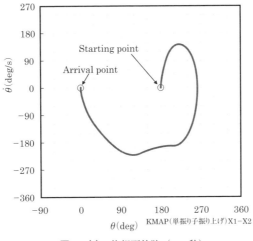

図 7.4(i)　位相面軌跡（t=3 秒）

このケースでは，$t=3$ 秒において振り上げ 2 回目でまっすぐ上に振り上げられて静止していることがわかる．

(4) 振り上げ指定時間 $t=2$ 秒の場合

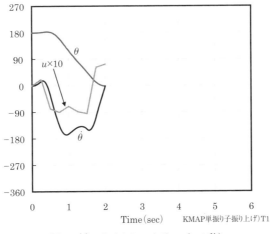

図 7.4(j)　タイムヒストリー（t=2 秒）
(KOPT.19. 単振り子の振り上げ 4.Y180527.DAT)

111

第7章 位置と時間を指定した運動問題

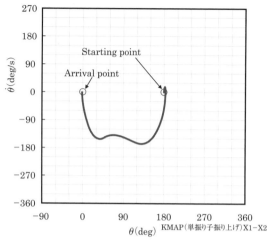

図 7.4(k) 位相面軌跡 (t=2 秒)

このケースでは，t=2 秒において振り上げ 1 回目でまっすぐ上に振り上げられて静止していることがわかる．

以上のケース，いずれも繰り返し計算は 100 万回実施したが，計算に要した時間は普通のパソコンで 1 分程度である．

### 例題 7.5　倒立振子の時間指定の振り上げ

図 7.5(a) に示す倒立振子の運動方程式は次のように表される.

$$\begin{cases}(M+m)\ddot{z} = ml\dot{\theta}^2\sin\theta - ml\ddot{\theta}\cos\theta + u \\ I\ddot{\theta} = mgl\sin\theta - ml\ddot{z}\cos\theta\end{cases} \quad (1)$$

ここで，$M$ は台車の質量，$m$ は振子の質量，$l$ は振子の回転中心から重心までの長さ，$\theta$ は回転角度，$z$ は台車の位置，$u$ は操作力，$I$ は振子の回転軸まわりの慣性モーメントである．このとき，まっすぐ垂れ下がった振子を操作力 $u$ によって指定した時間にまっすぐ上に振り上げよ．

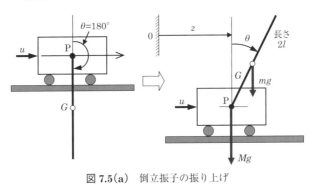

図 7.5(a)　倒立振子の振り上げ

　この倒立振子がまっすぐ上に立った状態では，振子の回転速度は 0 になっている必要がある．しかも指定した時間にそれを達成するものとする．これを実現する操作力の最適化問題を解くのは一般的に簡単ではない．ところが，KMAP ゲイン最適化法を用いると簡単に解くことができる．具体的には，求めたい操作力コマンドの時間関数を仮定してシミュレーションにより，振子を垂れ下がった状態から振り上げて，指定した時間にまっすぐ上に静止するかどうかを調べ，条件を満足するコマンド量の最適組み合わせを探索するという単純な方法である．この方法では，操作応答のみが必要な情報である．

　さて，倒立振子の運動方程式をシミュレーションするために，(1)式を 1 階の微分方程式に変換すると次のようになる．

第7章 位置と時間を指定した運動問題

$$\begin{cases} \dot{x}_1 = x_2 \\ \dot{x}_2 = \dfrac{A \sin x_1 \cos x_1 \cdot x_2^2 - g \sin x_1 + B \cos x_1 \cdot u}{A \cos^2 x_1 - C} \\ \dot{x}_3 = x_4 \\ \dot{x}_4 = g \tan x_1 - C \cdot \dfrac{A \sin x_1 \cdot x_2^2 - g \tan x_1 + B \cdot u}{A \cos^2 x_1 - C} \end{cases} \quad (2)$$

ただし,

$$\begin{cases} x_1 = \theta, \quad x_2 = \dot{\theta}, \quad x_3 = z, \quad x_4 = \dot{z} \\ A = \dfrac{ml}{M+m}, \quad B = \dfrac{1}{M+m}, \quad C = \dfrac{I}{ml} \end{cases} \quad (3)$$

である.なお,質量および振子の長さは次の値とする.

$$M = 1 (\mathrm{kg}), \quad m = 1 (\mathrm{kg}), \quad l = 1 (\mathrm{m}), \quad I = \frac{4}{3} m l^2 = 1.333 (\mathrm{kg \cdot m^2}) \quad (4)$$

シミュレーション計算時の初期条件と終端条件は次のように設定する.

【初期条件】 $x_1 = 180°, \quad x_2 = x_3 = x_4 = 0$ \quad (5)

【終端条件】 $t_f = 6$秒,3秒,$x_1 = x_2 = 0$ \quad (6)

【評価関数】 $J = x_1^2 + x_2^2$ \quad (7)

このとき,操作力 $u$ によって指定した時間に倒立振子を振り上げることを考える.なお,指定時間以降は操作力 $u$ を0とする.

## (1) 一定値を短時間入力した場合の応答

まず,倒立振子のシステム特性をみるために,操作力 $u = 10 (\mathrm{N})$ を1秒間入力した場合の応答特性を図 **7.5(b)** に示す.1秒後は自由応答となるが,摩擦は考慮していないので,$\theta = 180 \pm 60°$ 程度,周期約2秒の振動が持続することがわかる.

図 **7.5(c)** は,このときの位相面軌跡であるが,振動の様子がよくわかる.

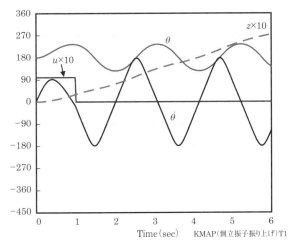

図 7.5(b)　タイムヒストリー（$u=10$N を 1 秒）
(KOPT.20. 倒立振子の振り上げ 3.Y180528.DAT)

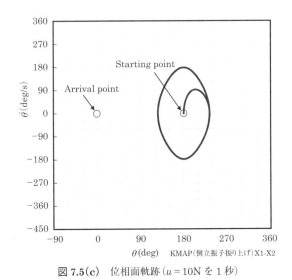

図 7.5(c)　位相面軌跡（$u=10$N を 1 秒）

## (2) 振り上げ指定時間 $t=6$ 秒の場合

KMAP ゲイン最適化法では，図 7.5(d) のように入力に関する時間関数を設定する．ここでは，指定した 6 秒間を 8 点の折れ線関数で表す．この 8 個の各

115

第 7 章　位置と時間を指定した運動問題

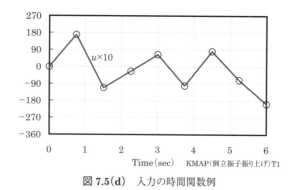

図 7.5(d)　入力の時間関数例

点は，乱数を用いて定義する．なお，コマンド量は ±20(N) の範囲内とした．

　この操作力 $u$ を用いて，(2)式の運動方程式を (5)式の初期条件のもとで，(6)式の時間 6 秒後の終端条件を満足するとともに，評価関数が最小になるように KMAP ゲイン最適化を実施した結果を図 7.5(e)〜図 7.5(g) に示す．図 7.5(e) から，$t=6$ 秒において $\theta = \dot{\theta} = 0$ (deg) が実現されていることがわかる．図 7.5(f) は位相面軌跡，また図 7.5(g) は運動軌跡であるが，このケースでは振子が 4 回目でまっすぐ上の姿勢で静止している様子がわかる．

　繰り返し計算は 100 万回実施したが，計算に要した時間は普通のパソコンで 1 分程度である．

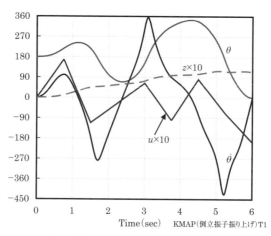

図 7.5(e)　タイムヒストリー（$t=6$ 秒）
(KOPT.20. 倒立振子の振り上げ 1.Y180528.DAT)

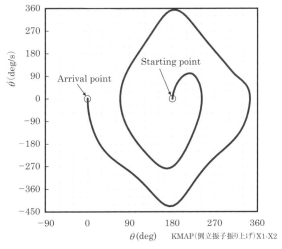

図 7.5(f)　位相面軌跡　($t=6$ 秒)

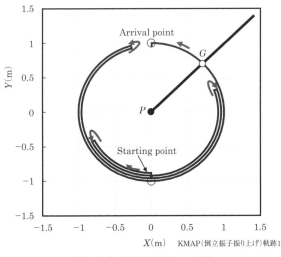

図 7.5(g)　運動軌跡　($t=6$ 秒)

## （3）振り上げ指定時間 $t=3$ 秒の場合

図 7.5(h) から，$t=3$ 秒において $\theta = \dot{\theta} = 0$ (deg) が実現されていることがわかる．図 7.5(i) の位相面軌跡から，2 回目でまっすぐ上の姿勢で静止している様子がわかる．

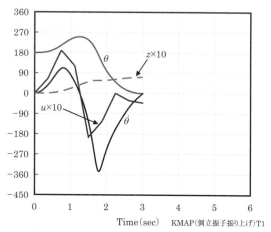

図 7.5(h)　タイムヒストリー（$t=3$ 秒）
(KOPT.20. 倒立振子の振り上げ 2.Y180528.DAT)

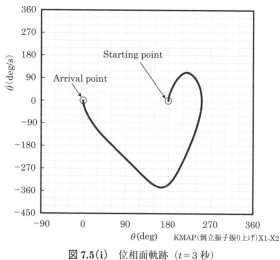

図 7.5(i)　位相面軌跡（$t=3$ 秒）

### 例題 7.6　位置と時間を指定した旅客機の飛行運動

図 7.6(a) に示すように，水平飛行している飛行機が，指定された地点（水平距離と高度）に，指定された時間に通過するためのピッチ角コマンド入力を求めよ．

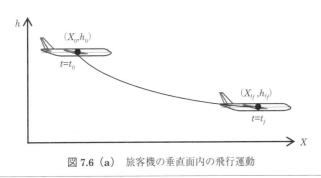

図 7.6（a）　旅客機の垂直面内の飛行運動

飛行機の運動は，3次元空間上において並進運動，回転運動および姿勢の自由度があるため，所望の飛行状態を得るのは簡単ではない．指定された地点（水平距離と高度）とともに，その地点を通過する時間を指定するとさらに難しい操縦が求められる．ここでは，大型旅客機を例として，水平飛行状態から水平距離 30,000 ft，高度 1,000 ft 低い地点に，指定した時間に通過するような操縦方法を垂直面内の飛行シミュレーションにより求める．

### (1) 検討に用いた機体

検討に用いた航空機は，400人乗りの旅客機である．

機体3面図を図 7.6(b) に，主要諸元を表 7.6(a) に示す．

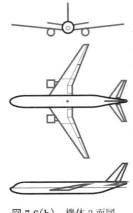

図 7.6(b)　機体3面図

表 7.6(a)　機体の主要諸元

| | |
|---|---|
| 機体重量（着陸） | 161(tf) |
| 主翼面積 | 428($m^2$) |
| 翼面荷重 | 376($kgf/m^2$) |
| 平均翼弦 | 7.95(m) |
| スパン | 60.9(m) |
| 胴体長 | 63.7(m) |
| 水平尾翼面翼 | 100($m^2$) |
| 主翼水平尾翼間距離 | 28.1(m) |
| 水平尾翼容積比 | 0.827(−) |
| 全機空力中心 | 49.0(% MAC) |
| 重心 | 25.0(% MAC) |

## (2) 運動方程式に質点モデルを用いた場合の問題点

航空機運動に関する2点境界値問題を扱う場合，運動方程式には質点モデルが用いられることが多い．しかし，このモデルを用いると，以下に示すように問題点が生じるので注意が必要である．

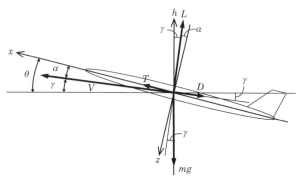

図 7.6(c)　航空機の縦系の運動

図 7.6(c) から，縦系の質点の運動方程式が次のように得られる．

$$\begin{cases} m\dot{V} = T\cos\alpha - D - mg\sin\gamma \\ mV\dot{\gamma} = T\sin\alpha + L - mg\cos\gamma \\ \dot{h} = V\sin\gamma \end{cases} \quad (1)$$

ここで，$m$ は質量，$V$ は機体速度，$T$ は推力，$L$ は揚力，$D$ は抗力，$\alpha$ は迎角，$\gamma$ は飛行経路角，$h$ は高度である．いま，推力 $T$ は一定とし，制御入力として迎角 $\alpha$ を5°のステップ入力した場合の応答を図 7.6(d) に示す．周期約30秒の長周期運動が発生していることがわかる．

図 7.6(d) に示した減衰の悪い長周期運動がなぜ生じるのか検討する．いま，推力 $T$ は一定とし，また $(T\cos\alpha - D)$ は小さいとして省略すると，(1)式の第1式から次のような関係式が得られる．

$$m\dot{V} + mg\sin\gamma = 0 \quad (2)$$

ここで，(1)式の第3式を代入して時間積分すると次式が得られる．

$$mV\dot{V} + mg\dot{h} = 0, \quad \therefore \frac{1}{2}mV^2 + mgh = E \quad （エネルギー） \quad (3)$$

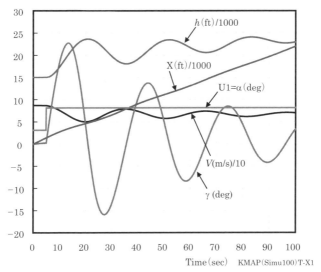

図 7.6(d)　迎角ステップ入力による長周期運動
(KOPT.11. 飛行経路最適化(1)1.Y180810.DAT)

(3)式は，運動エネルギーと位置エネルギーが交互に交換された運動であることを示している．この運動が振動系であることは，次のようにしてわかる．いま，高度 $h$ 方向の運動方程式は，図 7.6(c) から次のように表される．

$$m\ddot{h} = L\cos\gamma + T\sin(\alpha+\gamma) - D\sin\gamma - mg \tag{4}$$

ここで，$[T\sin(\alpha+\gamma) - D\sin\gamma]$ は小さいとして省略し，また $\gamma$ は小さく，$\alpha$ の変化も小さいとすると，(3)式および (4)式から次式が得られる．

$$m\ddot{h} = \frac{1}{2}\rho V^2 S C_L - mg, \quad \therefore \ddot{h} + \frac{g^2 \rho S C_L}{W} h = 一定 \tag{5}$$

ここで，(5)式の最初の式の右辺第1項は，揚力 $L$ を表す式で，$\rho$ は空気密度，$S$ は主翼面積である．これから，ラプラス変換すると，高度 $h$ が次の振動系で表される．

$$h = \frac{一定}{s^2 + \omega_n^2}, \quad \omega_n = g\sqrt{\frac{\rho S C_L}{W}} \tag{6}$$

(6)式は，減衰のない振動系であるが，これは (1)式の運動方程式において抗力 $D$ を省略したためである．一方，(1)式を用いてシミュレーションを行うと，図 7.6

(d) に示したように，ゆるやかに減衰する振動となる．

このように，質点の運動方程式 (1) 式を用いて迎角 $\alpha$ をステップ状に入力してシミュレーション計算を行うと，減衰の悪い長周期運動が発生してしまう．したがって，縦系の運動に関する2点境界値問題を解こうとすると，長周期の振動運動が生じてしまうことが質点モデルの問題点である．そこで，以下ではピッチ角コマンド制御系を設計した上で，2点境界値問題を解くことを考える．

## (3) ピッチ角コマンド制御系の設計

図 7.6(e) は，ここで用いるピッチ角コマンド制御系である．航空機のモデルは，剛体の回転も考慮した4自由度の運動方程式である．図 7.6(f) は，KMAPゲイン最適化[42]によって設計したピッチ角コマンド制御系のU1に対するピッチ角 $\theta$ の極・零点である．非常に安定した極配置になっていることがわかる．

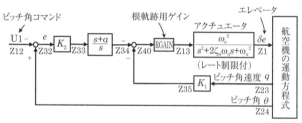

図 7.6(e)　ピッチ角コマンド制御系

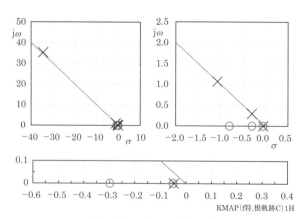

図 7.6(f)　$\theta$/U1 の極・零点
(CDES.K10. シミュレーション最適化 1.Y180813.DAT)

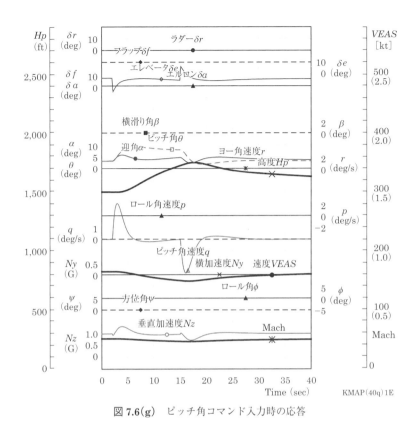

図 7.6(g)　ピッチ角コマンド入力時の応答

　図 7.6(g) は, $t = 2 \sim 10$ 秒にピッチ角 +5° コマンドを入れた場合のシミュレーション結果である．安定は十分であり，コマンドに対してピッチ角も増加していることが確認できる．次項以降，このピッチ角コマンド制御系を用いて，本例題の2点境界値問題を解く．なお，最適化に用いるシミュレーションは非線形6自由度運動方程式である．

## (4) ピッチ角コマンド時間関数 U1

　上記で設計したピッチ角コマンド制御系を用いて，ピッチ角コマンド量 U1 を時間関数で入力することにより，水平飛行状態からある地点（水平距離と高度）を指定した時間に通過するような飛行を実現する解を，シミュレーションによる繰り返し計算によって求める．ピッチ角コマンド量の時間関数は，一定時間ごとのコマンド量を乱数を用いて設定して，それらの折れ線からなるコマンド量の組

## 第7章 位置と時間を指定した運動問題

み合わせの中から最適値を探索していく.

具体的なピッチ角コマンド入力 U1 の時間関数の例を図 **7.6(h)** に示す. 100 秒間を8点の折れ線で近似したものである. この8点の U1(1)～U1(8) を, 乱数を用いて 50 万の組み合わせの中から目標の飛行を実現する最適値を探索する.

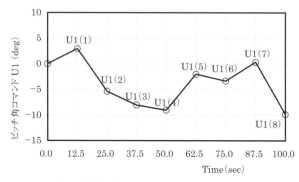

図 **7.6(h)** ピッチ角コマンド時間関数の例

## (5) KMAP ゲイン最適化による飛行結果

ピッチ角コマンド時間関数 U1 を次の3ケースの目標飛行条件を満足するように, KMAP ゲイン最適化により求めた結果を示す.

初期条件, 終端条件および評価関数は次とする.

【初期条件】 $X = 0, \ h = 0$ (7)

【終端条件】 $X = 30,000 \text{(ft)}, \ h = -1,000 \text{(ft)}$ (8)

【評価関数】 $J = t_f$ (①最長時間, ② 95 秒指定, ③最短時間) (9)

図 **7.6(i)** は, 水平飛行状態（機速 165 kt）から指定地点（水平距離 30,000 ft, 高度 1,000 ft 減少）を最長時間で通過するとした飛行結果である. ピッチ角コマンド制御系であるので, ピッチ角コマンド U1 の入力に対して, ピッチ角 $\theta$ がほぼ追従していることがわかる. $X = 4,000$ ft まではコマンドはピッチアップ側に増加し, その後ピッチダウン側に転じている. その結果, 16,000 ft 付近まで機速変化 $u$ はほとんどない状態である. その後はさらにピッチダウンがすすみ高度 $h$ が下がっていき, 最終的に目標地点の $X = 30,000$ ft で高度が 1,000 ft 減少

している.時間は最長時間 100 秒である.

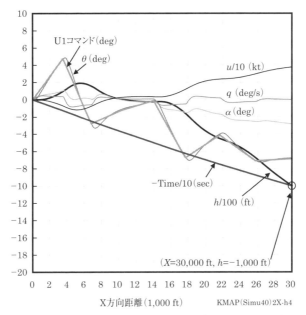

図 7.6(i) 飛行シミュレーション結果(①最長時間 100 秒)
(CDES.K10. シミュレーション最適化 2.Y180813.DAT)

図 7.6(j) は,水平飛行状態(機速 165 kt)から指定地点(水平距離 30,000 ft,高度 1,000 ft 減少)を通過する時間を 95 秒と指定した飛行結果である.初期は図 7.6(i) と同様に,コマンドは 4,000 ft までピッチアップ側である.その後ピッチダウン側に転じているが,図 7.6(i) よりも大きなピッチダウンコマンドとなり,その結果,高度が大きく減少している.$X = 18,000$ ft では高度は目標である 1,000 ft 減少となっている.機速は $X = 18,000$ ft 付近で約 10 kt 増加している.その後は,ピッチ角が迎角付近まで増加して水平飛行のまま $X = 30,000$ ft となっている.このとき,時間は指定値の 95 秒となっている.

図 7.6(k) は,水平飛行状態(機速 165 kt)から指定地点(水平距離 30,000 ft,高度 1,000 ft 減少)を最短時間で通過するとした飛行結果である.最初からピッチダウン側となり,その結果,高度が大きく減少し,機速は約 40 kt 増速する.その後も機速は 40 kt〜30 kt 増速を維持した結果,高度は目標の 1,000 ft 減少以上の 1,400 ft 減少となっている.最後は高度を目標の 1,000 ft 減まで戻すため

## 第 7 章 位置と時間を指定した運動問題

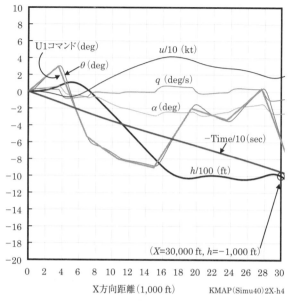

**図 7.6(j)** 飛行シミュレーション結果（②時間指定 95 秒）
(CDES.K10. シミュレーション最適化 3.Y180813.DAT)

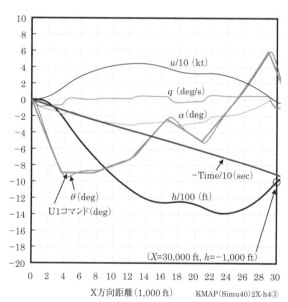

**図 7.6(k)** 飛行シミュレーション結果（③時間指定 91 秒）
(CDES.K10. シミュレーション最適化 1.Y180813.DAT)

126

にピッチアップ側となり,機速も減少していく.$X = 8{,}000$ ft~$18{,}000$ ft 付近の機速が大きいことから,目標地点の $X = 30{,}000$ ft における時間は最短時間の 91 秒となる.

なお,図 7.6(i) の最長時間および図 7.6(k) の最短時間とは,目標地点到着の時間をそれ以上長くまたは短く設定してもそれ以上の解が得られないという意味である.

## (6) 目標飛行条件 3 ケースの結果比較

図 7.6(i)～図 7.6(k) に示した飛行シミュレーション結果 3 ケースについて,X 方向飛行距離に対する高度変化を比較したものを図 7.6(l) に示す.目標地点に到達する時間を短くするために,初期に高度を低くして機速を増加していることがわかる.

図 7.6(m) は,X 方向飛行距離に対するピッチ角コマンド U1 の比較である.この図からも,目標地点に到達する時間を短くするために,初期にピッチダウン側にコマンドして高度を低くして機速を増加している様子がわかる.

飛行機の垂直面内の運動は,機速,迎角,ピッチ角速度およびピッチ角の 4 つの状態変数によって変化するが,高度は,これらの状態変数のうちの機速,迎角およびピッチ角の 3 つによって変化する.したがって,操縦によって高度を所望の値にするのは簡単ではない.ここでは,ピッチ角コマンド制御系を用いることで,ほぼピッチ角を直接制御することが可能となったが,それでもピッチ角の変動により機速と迎角が変化するため高度の調節は容易ではない.

この例題のように,水平距離,高度,時間を指定した飛行を可能にするには,ピッチ角を適切に設定することが必要であるが,これは時間を評価関数とした 2 点境界値問題であり,重心まわりの回転を伴う飛行機の運動に対して解析的に解くのは難しい問題である.これに対して,KMAP ゲイン最適化による最適制御の解法は簡単である.設計条件を満足するように繰り返し計算で直接的に解を探索していく方法である.飛行機の問題では,入力に対する運動シミュレーションの結果が得られればよい.この例題でわかるように十分有効な結果が得られることがわかる.本例題では,操縦入力を表す 8 個のデータの組み合わせを 55 万回の繰り返し計算で求めたが,計算時間は普通のパソコンで 1 ケース約 15 分である.

第7章　位置と時間を指定した運動問題

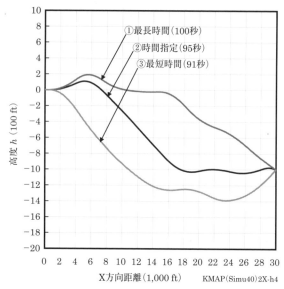

図 7.6($l$)　飛行シミュレーション結果 ($X$–$h$ 比較)

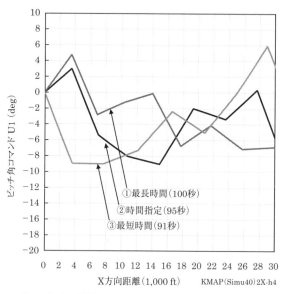

図 7.6(m)　飛行シミュレーション結果 ($X$–U1 比較)

## 例題 7.7　位置と時間を指定したドローンの飛行運動

図 7.7(a) に示すような，クアッドロータ型ドローンを，高度 30 ft の空中静止状態から，X および Y 方向距離 30 ft の地点に移動させ，10 秒後に再び空中静止させる 2 点境界値問題の操縦コマンドの解を求めよ．

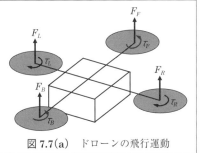

図 7.7(a)　ドローンの飛行運動

まずドローンの抗力を考慮した運動方程式について述べた後，ピッチ角およびロール角コマンド制御系を設計する．なお，ドローンの移動には機体を傾ける必要があるが，ロータ推力が一定では高度が変化するので，ここでは高度を維持する推力制御系も設計する．次に，高度 30 ft の空中静止状態から X 方向のみ距離 30 ft の地点に移動し，10 秒後に再び空中静止させる操縦コマンドの解を求める．最後に，高度 30 ft の空中静止状態から X および Y 方向距離 30 ft の地点に移動し，10 秒後に再び空中静止させる操縦コマンドの解を求める．

### (1) ドローンの抗力を考慮した運動方程式

図 7.7(b) に，クアッドロータ型ドローンの運動座標系を示す．ここでは，一般の飛行機の機首方向に相当する $x$ 軸を重心から 1 つのロータに向かう軸としている．ほかの方法としては，重心から 2 つのロータの中間に $x$ 軸をおく方法もあるが，その場合にはピッチ運動時またはロール運動時にそれぞれ 4 つのロータを動かす必要があり複雑である．また，ピッチ運動とロール運動を同時に実施した場合には，4 つのロータには両者からの運動指令が入力されるので複雑である．これに対して，図 7.7(b) に示した運動座標の場合は，ピッチとロール運動はそれぞれ独立した 2 つのロータの作動で可能となるので簡単である．

さて，図 7.7(b) においてピッチ運動は，各ロータの推力を次のように変化させることで実現する．

$$\begin{cases} F_F \to F_F + \Delta F_{pitch} \\ F_B \to F_B - \Delta F_{pitch} \end{cases} \quad (1)$$

第7章　位置と時間を指定した運動問題

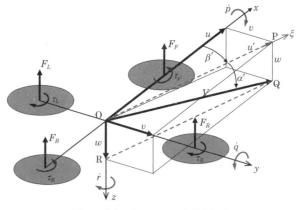

図 7.7（b）　ドローンの運動座標系

このとき，$y$ 軸まわりのモーメントは次式となる．

$$M_y \to M_y + 2l \cdot \Delta F_{pitch} \tag{2}$$

ここで，$l$ は重心からロータまでの距離である．同様に，$x$ 軸まわりおよび $z$ 軸まわりのモーメントは次のようになる．

$$\begin{cases} M_x \to M_x + 2l \cdot \Delta F_{roll} \\ M_z \to M_z + 4k \cdot \Delta F_{yaw} \end{cases} \tag{3}$$

ここで，$k$ はロータ推力に対するロータトルクの大きさである．いま，水平飛行（各ロータ推力は $mg/4$）の状態から $\Delta F = mg/4$ だけ変化，すなわち，モーメント発生の１つのロータの推力が０になるとき，飛行機のエレベータ，エルロン，ラダーの各舵角 20°相当として対応させると考えやすい．このとき，各軸まわりのモーメント微係数が次のように得られる．

$$\begin{cases} M_{\delta e} = -l \cdot \dfrac{mg}{40} \\ L_{\delta a} = -l \cdot \dfrac{mg}{40} \\ N_{\delta r} = -k \cdot \dfrac{mg}{20} \end{cases} \tag{4}$$

次に，図 7.7(b) に示すように，$x$ 軸と一致していた軸を $z$ 軸まわりに $\beta'$ だけ

回転した軸をξ軸とする．すなわち，図 7.7(c) のように表される．

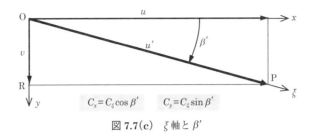

図 7.7(c) 　ξ軸と $\beta'$

ここで，$u'$ および $\beta'$ は次式で表される．

$$u' = \sqrt{u^2 + v^2}, \quad \beta' = \tan^{-1}\frac{v}{u} \tag{5}$$

すなわち，$u'$ は常に正である．

ξ軸とz軸を含む平面には図 7.7(d) および図 7.7(e) に示すように，速度ベクトル V が含まれる．

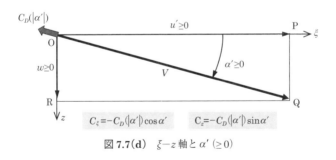

図 7.7(d) 　ξ–z 軸と $\alpha'$ ($\geq 0$)

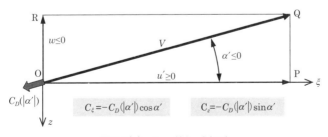

図 7.7(e) 　ξ–z 軸と $\alpha'$ ($\leq 0$)

## 第7章 位置と時間を指定した運動問題

ここで，$\alpha'$ は次式で表される．

$$\alpha' = \tan^{-1}\frac{w}{u'} \tag{6}$$

このとき，シミュレーション計算に用いる並進運動の運動方程式は，抗力を考慮して次のように得られる．

$$\begin{cases} \dot{u} = -qw + rv - g\sin\theta \quad\quad -\dfrac{\rho V^2 S}{2m}C_D \cos\alpha' \cos\beta' \\ \dot{v} = -ru + pw + g\cos\theta\sin\phi \quad -\dfrac{\rho V^2 S}{2m}C_D \cos\alpha' \sin\beta' \\ \dot{w} = -pv + qu + g\cos\theta\cos\phi - \dfrac{T}{m} - \dfrac{\rho V^2 S}{2m}C_D \sin\alpha' \end{cases} \tag{7}$$

ここで，ドローンは機体の下に荷物などを積んでいる状態を想定して，簡単のため抗力係数 $C_D$ は 0.5（一定）と仮定する．

次に，シミュレーション計算に用いる回転運動の運動方程式は次のように表される．

$$\begin{cases} \dot{p} = \dfrac{I_y - I_z}{I_x}qr + \dfrac{L_{\delta a}\delta a}{I_x} \\ \dot{q} = \dfrac{I_z - I_x}{I_y}rp + \dfrac{M_{\delta e}\delta e}{I_y} \\ \dot{r} = \dfrac{I_x - I_y}{I_z}pq + \dfrac{N_{\delta r}\delta r}{I_z} \end{cases} \tag{8}$$

使用するドローンの主要諸元を表 7.7(a) に示す．

表 7.7(a) ドローンの主要諸元

| | |
|---|---|
| 質量 $m$ | 1.2 (kg) |
| 代表面積 $S$ | 0.18 (m²) |
| 慣性モーメント $I_x$ | 0.0265 (kg·m²) |
| 慣性モーメント $I_y$ | 0.0265 (kg·m²) |
| 慣性モーメント $I_z$ | 0.0530 (kg·m²) |
| 抗力係数 $C_D$ | 0.5 |
| 重心からロータまでの距離 $l$ | 0.3 (m) |
| ロータ推力に対するロータトルク比 $k$ | 0.1 |

## (2) ピッチ角 / ロール角 / 高度コマンド制御系

　ドローン固有の運動方程式は不安定であるので，ピッチ角コマンド制御系，ロール角コマンド制御系および高度を維持する推力制御系を設計する．これらの制御系設計に用いた線形運動方程式は次式である．

$$
\begin{bmatrix} \dot{u} \\ \dot{w} \\ \dot{q} \\ \dot{\theta} \end{bmatrix} = \begin{bmatrix} 0 & 0 & 0 & -g \\ 0 & 0 & V & 0 \\ 0 & 0 & 0 & 0 \\ 0 & 0 & 1 & 0 \end{bmatrix} \begin{bmatrix} u \\ w \\ q \\ \theta \end{bmatrix} + \begin{bmatrix} 0 & 0 & 0 \\ 0 & 0 & -\dfrac{1}{m} \\ \dfrac{M_{\delta e}}{I_y} & 0 & 0 \\ 0 & 0 & 0 \end{bmatrix} \begin{bmatrix} \delta e \\ \delta f \\ \delta T \end{bmatrix} \quad (9)
$$

$$
\begin{bmatrix} \dot{v} \\ \dot{p} \\ \dot{r} \\ \dot{\phi} \end{bmatrix} = \begin{bmatrix} 0 & 0 & -V & g \\ 0 & 0 & 0 & 0 \\ 0 & 0 & 0 & 0 \\ 0 & 1 & 0 & 0 \end{bmatrix} \begin{bmatrix} v \\ p \\ r \\ \phi \end{bmatrix} + \begin{bmatrix} 0 & 0 \\ \dfrac{L_{\delta a}}{I_x} & 0 \\ 0 & \dfrac{N_{\delta r}}{I_z} \\ 0 & 0 \end{bmatrix} \begin{bmatrix} \delta a \\ \delta r \end{bmatrix} \quad (10)
$$

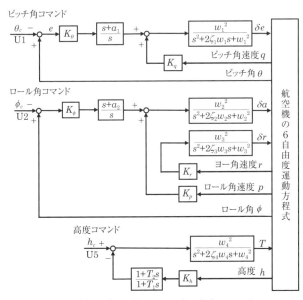

図 7.7(f)　ピッチ角 / ロール角 / 高度コマンド

第7章 位置と時間を指定した運動問題

図 7.7(f) は，ここで使用するピッチ角コマンド，ロール角コマンドおよび高度コマンド制御系である．この制御系にピッチ角およびロール角コマンドを入力することにより操縦を行う．高度コマンド制御系は，ドローンが傾いて移動する際にロータ揚力が不足する分を自動的に補うためのものである．なお，これらの制御系は文献 42) の方法によって設計を行った．

図 7.7(g) は，図 7.7(f) のピッチ角コマンドに対するピッチ角の極・零点である．また，図 7.7(h) は，ロール角コマンドに対するロール角の極・零点である．いずれも非常に安定した極・零点配置になっていることがわかる．

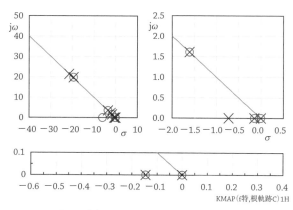

図 7.7(g)　$\theta/\theta_c$ の極（×）と零点（○）
(AIRCRAFT.DRN.PRH6-1.Y181001.DAT)

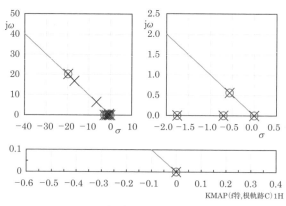

図 7.7(h)　$\phi/\phi_c$ の極（×）と零点（○）
(AIRCRAFT.DRN.PRH6-2.Y181001.DAT)

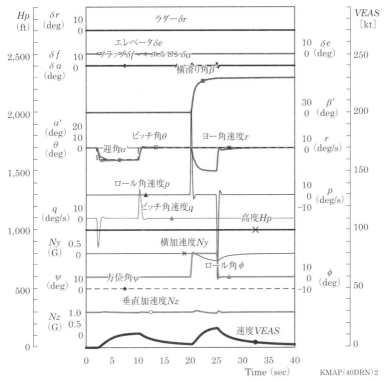

図 7.7(i) ピッチ角/ロール角コマンド入力応答
(AIRCRAFT.DRN.PRH6-3.Y181002.DAT)

　図 7.7(i) は，$t=2\sim10$ 秒にピッチ角 $+10°$ コマンド，$t=20\sim25$ 秒にロール角 $+20°$ コマンドを入れた場合の非線形 6 自由度運動方程式によるシミュレーション結果である．ピッチ角を負にして前進して，ピッチ角を戻すと減速していく様子がわかる．後半には右ロールによって右に移動して，ロール角を戻すと減速していく様子がわかる．これらのピッチおよびロール運動中も高度は一定であることが確認できる．

## (3) 指定した位置と時間に空中静止させる解 (1)

　ピッチ角コマンドのみを時間関数で入力することにより，ドローンを前進させ，指定した位置と時間に空中静止させる最適操舵の解を求める．図 7.7(f) に示したブロック図のピッチ角コマンド $\theta_c$ を飛行時間内で 6 点の時間関数による折れ

第 7 章　位置と時間を指定した運動問題

表 7.7(b)　初期条件と指定終端条件

| 変数 | 初期条件 | 終端条件 | 結果 |
|---|---|---|---|
| X方向距離 | 0 | 30 (ft) | 30 (ft) |
| Y方向距離 | 0 | 0 | 0 |
| 高度 $h$ | 30 (ft) | 30 (ft) | 29.9 (ft) |
| 速度 $V$ | 0 | 0 | 0.038 (kt) |
| 加速度 $V$dot | 0 | 0 | 0.0041 (kt/s) |
| 飛行時間 | 0 | 10 (sec) | 10.0 (sec) |

線で近似する．この時間関数の具体的な数値は，乱数を用いた組み合わせによって求める．こうして仮定したコマンド操舵を用いて，KMAP ゲイン最適化によって解いた 2 点境界値問題の飛行を実現する解を表 7.7(b) に示す．

図 7.7(j) は得られた解による時歴，図 7.7(k) は X 方向距離に対する変数の値を示したものである．図 7.7(j) から，ピッチ角コマンド $\theta_c$ に対して，ピッチ角 $\theta$ が追従していることがわかる．操舵は $t=2$ 秒から開始しているが, まずピッチ角を負（前方頭下げ）にすることにより機体は前進を始め，次第に加速していく．$X=18$ ft 地点で，今度はピッチ角が正となり減速に転じ，目標地点の $X=30$ ft 地点に，目標時間の $t=10$ 秒で空中静止しており，目的が達成されている

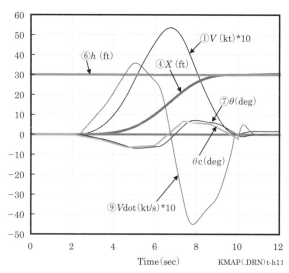

図 7.7(j)　時歴（X＝30 ft 地点を 10 秒で移動静止）
（HAYA.6DF.DRN.PRH6-1.Y181002.DAT）

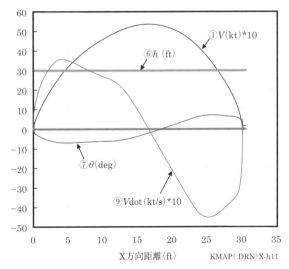

図 7.7(k)　X方向距離に対する値（図 7.7 (j) のデータ）

ことがわかる．結果の詳細は**表 7.7(b)** に示したとおりである．

## (4) 指定した位置と時間に空中静止させる解（2）

次に，ピッチ角コマンドとロール角コマンドの2つの量を時間関数で入力することにより，ドローンを前進および横移動させ，指定した位置と時間に空中静止させる最適操舵の解を求める．ピッチ角コマンド $\theta_c$ を飛行時間内で6点，ロール角コマンド $\phi_c$ を4点時間関数による折れ線で近似する．この時間関数の具体的な数値は，乱数を用いた組み合わせによって求める．こうして仮定したコマンド操舵を用いて，KMAPゲイン最適化によって解いた2点境界値問題の飛行を実現する解を**表 7.7(c)** に示す．

表 7.7(c)　初期条件と指定終端条件

| 変数 | 初期条件 | 終端条件 | 結果 |
|---|---|---|---|
| X方向距離 | 0 | 30(ft) | 30.4(ft) |
| Y方向距離 | 0 | 30(ft) | 29.9(ft) |
| 高度 $h$ | 30(ft) | 30(ft) | 29.9(ft) |
| 速度 $V$ | 0 | 0 | 0.23(kt) |
| 加速度 $V\mathrm{dot}$ | 0 | 0 | 0.031(kt/s) |
| 飛行時間 | 0 | 10(sec) | 10.0(sec) |

第 7 章　位置と時間を指定した運動問題

図 **7.7**($l$) は得られた解による時歴，図 **7.7**(m) は X 方向距離に対する変数の値を示したものである．ピッチ角コマンドおよびロール角コマンドの入力に対して，コマンド制御系によって機体のピッチ角 $\theta$ およびロール角 $\phi$ が追従するようになっている．ピッチ角とロール角がほぼ対称的に発生していることがわかる．すなわち，最初ピッチ角は負となり前進飛行，ロール角は正になり右横に移動してしだいに加速している．$t=7.5$ 秒付近から両者逆の姿勢となり減速に転じ，目標地点の $X=Y=30$ ft 地点に，目標時間の $t=10$ 秒で空中静止しており，目的が達成されていることがわかる．結果の詳細は表 **7.7**(c) に示したとおりである．

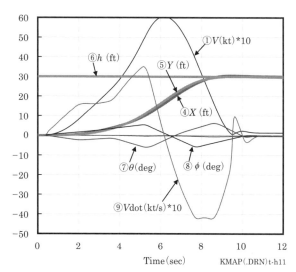

図 **7.7**($l$)　時歴（X＝Y＝30 ft 地点を 10 秒で移動静止）
(HAYA.6DF.DRN.PRH7.2.Y181002.DAT)

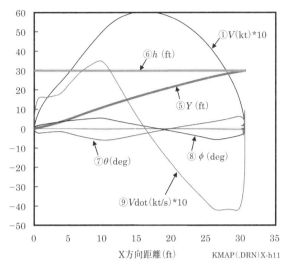

**図 7.7(m)** X方向距離に対する値（図 7.7 (*l*) のデータ）

# 付録　本書で利用する解析ツール（参考）

## A.1　全　　般

　本書の解析には"**KMAP（ケーマップ）**"という解析ツールを利用した．
　KMAPとは"Katayanagi Motion Analysis Program"の略で，当初は航空機の運動解析用に開発されたソフトウェアであるが，その後逐次バージョンアップする形で，制御系設計ツールとして発展したものである．KMAPは，線形制御系の設計解析（ただし，シミュレーションは非線形のまま実施）に加えて，非線形最適制御問題も解くことができる．これまで，2点境界値問題に代表される非線形最適制御問題を解くには，非常に難しい理論的な解析能力が必要とされてきた．ところが，KMAPゲイン最適化法を用いると，この種の問題の解を簡単に得ることができる．難しい理論は必要としない．もともと制御というのは難しいものではなく，原理は非常に簡単である．これを理論的に解こうとするので難しくなるわけである．制御問題の解は，それによって目的の性能が達成できれば解けたことになる．例えば，我々が短い棒を手の上で安定に静止させようとしたとき，少しずつ練習をつみ重ねることで遂にはそのやり方を習得する．KMAPゲイン最適化法はまさにこの方法に似ている．もともと昔の制御技術者はこのような方法を用いていた．KMAPゲイン最適化法は，まさに"逆転の発想"で，昔の技術者がコツコツとやっていた方法をコンピュータの力を借りて短時間で解を得る方法である．しかも，得られた解は例題で示したように，十分な精度を有することが確認されている．

＜注意事項＞
・KMAPソフトの購入・取得は本書の責任の範囲外です．ユーザー各位で行ってください．
・KMAPを使用したことによる直接的または間接的に生じた障害や損害については一切の責任を負いません．

付録　本書で利用する解析ツール（参考）

## ■ KMAP の起動

C:\KMAP フォルダ内にある，"**KMAP＊＊＊実行スタートファイル.BAT**"（＊＊はバージョン番号）のバッチファイルをダブルクリックすると，解析プログラム KMAP が起動して，下記に示すように，解析内容選択メニューが表示される．（ただし，これらの選択メニューは今後のバージョンアップで変更される可能性があるので，最新版にて確認が必要である）

```
################### ＜ ＫＭＡＰ＊＊＊ 解析内容選択 ＞ ###################
##                                                          (20*＊.＊.＊) ##
##  ● 従来型のキーイン方式による各種ＫＭＡＰ解析                        ##
##    1:「一般」（下記以外）⇒ 航空機の運動・制御系解析,                ##
##      スピン運動「SPIN」, KMAP 最適化「KOPT」, ドローン「AIRCRAFT.DRN」##
##    2:「CDES」       ⇒ 航空機（含む機体形状データ）の解析             ##
##                       縦系最適化「CDES.K10」                         ##
##    3:「CDES.WAT」   ⇒ 水中ビークルの運動・制御系解析                 ##
##    4:「EIGE」       ⇒ 基礎的な制御，振動，最適化，                   ##
##                       ロボットの制御，自動車の制御，船の制御          ##
##    5:「EIGE.MEC」   ⇒ 工作機械の制御解析                             ##
##    6:「HAYA」       ⇒ キーインなしで航空機シミュレーション，         ##
##        6-DOF 最適化「HAYA.6DF」，ドローン最適化「HAYA.6DF.DRN」      ##
##    7: シミュレーションデータの保存と加工                              ##
##    ---------------------------------------------------------          ##
##    11: 有限要素法（FEM）による構造物の弾性解析  （参考図書⑥ 参照）   ##
##    12: 差分法（FDM）による流体，熱の流れの解析  （参考図書⑥ 参照）   ##
##    13: 飛行機の翼理論，２次元ポテンシャル流厳密解（参考図書⑮ 参照）  ##
##========================================================================##
##  ● 飛行機（CDES）の自動化解析（新規）                                ##
##    23: 解析スタート    ⇒ 保存リストをコピーしてデータ新規作成        ##
##========================================================================##
##           (20: 自動化解析の説明, 30: 取り扱い説明書（pdf 資料））      ##
##           (86: 参考図書, 87:KMAP 変更内容の履歴, 88: 注意事項の表示)   ##
##    ---------------------------------------------------------          ##
##    9: 終了                                                            ##
##########################################################################

    ● 上記の番号を選択 -->
```

ここで，"1" とキーインする．

A.1 全　般

## ■ データファイルの利用方法

　インプットデータは DAT ファイルである．解析は，この DAT ファイルを読み込むことで実施される．ユーザーがこのインプットデータを全く最初から作るのは大変（ミスが入り込むことが多い）なので，下記に示す "3" の「例題ファイルをコピー利用して新規作成」するのがよい．

　なお，"2" は一度作成したものをコピー利用して新規作成する場合，また "1" は一度作成したものを直接解析していく場合である．

```
****************＜データファイル利用方法＞****************
*    1：既存のファイルでそのまま解析実行                          *
*    2：既存のファイルをコピー利用して新規作成                     *
*    3：例題ファイル（下記にリスト表示される）をコピー利用して新規作成  *
*                                                            *
*   (-1)：（戻る）                                              *
* ========================================================= *
*            pdf 資料（表示）                                   *
*              101：KMAP の関数（一覧表）                        *
*              102：KMAP の関数（説明書）                        *
*              103：機体データＥや一般的注意事項など               *
*************************************************************
       （不明時は 3 を入力）
```

　●上記利用方法 1 ～ を選択 -->

ここで，"3" とキーインする．

## ■ 画面をスクロールして例題ファイルの番号を選択する

　-----KMAP 最適化法（一般データで [KOPT]）
　　　（インプットデータの 1 行目の最初の 4 文字を "KOPT" とすること）
　121：(KOPT.06. 最速降下線 1.Y180223.DAT)
　122：(KOPT.13.2 輪車両の車庫入れ問題 1.Y180602.DAT)
　123：(KOPT.13.2 輪車両の車庫入れ問題 3.Y180602.DAT)
　124：(KOPT.13.2 輪車両の車庫入れ問題 4.Y180602.DAT)
　125：(KOPT.13.2 輪車両の車庫入れ問題 5.Y180602.DAT)
　126：(KOPT.14. 飛翔体の最適航法 1.Y180318.DAT)
　127：(KOPT.14. 飛翔体の最適航法 2.Y180318.DAT)
　128：(KOPT.14. 飛翔体の最適航法 3.Y180318.DAT)

付録　本書で利用する解析ツール（参考）

```
129：(KOPT.14.飛翔体の最適航法 4.Y180318.DAT)
130：(KOPT.14.飛翔体の最適航法 5.Y180318.DAT)
131：(KOPT.14.飛翔体の最適航法 6.Y180318.DAT)
132：(KOPT.15.2 次計画法の例題 1.Y180314.DAT)
133：(KOPT.15.2 次計画法の例題 2.Y180314.DAT)
134：(KOPT.15.2 次計画法の例題 3.Y180314.DAT)
135：(KOPT.17.非線形最適制御則 1.Y180411.DAT)
136：(KOPT.17.非線形最適制御則 2.Y180411.DAT)
   （途中省略）
(-1)：(戻る)
==================================================
   （不明時は 1 を入力）
●上記ファイルをコピー利用する，1～ の番号を選択 -->
```

ここで，例題ファイルの番号をキーインすると，その例題のインプットデータがコピーされ，次のようにファイル名をつけるよう表示される．

■ コピーしたファイルにファイル名をつける

```
******＜ 新しいファイル名（全体 40 文字以内）入力してください ＞******
*（現在のファイル名）：KOPT.15.2 次計画法の例題 1.Y180314.DAT
*       入力例：○○○.DAT（○○○のみ記入，文字数は任意）
******************************************************

●新しいファイル名を入力（不明時は 0 入力）(-1 は戻る) -->
```

ここで，例えば最も簡単なファイルとして，"0"とキーインすると，その例題計算が一端実行されて終了すると，解析結果の表示画面になるので，"9"とキーインすると例題の解析結果の詳細が確認ができる．その画面は何かキーインすると消すことができる．解析結果の表示画面に戻ったら，"0"をキーインすると，最初の解析内容選択画面になる．

■ コピーした新しいファイル名のファイルを修正する

例題をコピーして新しくファイル名を付けたインプットデータを修正するには，エクスプローラ等で，ローカルディスク（C）内の KMAP フォルダーの「DAT データ（一般）」の中に，先ほど名前を付けた「0.DAT」ファイルがあるので（こ

こであらためて最終的なファイル名にしてもよい)，このファイルをメモ帳などで表示する．

```
KOPT.15.2次計画法の例題1.Y180314.DAT
-------------------------------------------------------------
 f= R1＊X1      +R2＊X2       +R3＊X3      +R4＊X4      （目的関数）
   +R5＊X1＊X2   +R6＊X1＊X3    +R7＊X1＊X4
   +R8＊X2＊X3   +R9＊X2＊X4    +R10＊X3＊X4
   +R11＊X1＊＊2 +R12＊X2＊＊2  +R13＊X3＊＊2  +R14＊X4＊＊2
-------------------------------------------------------------
  R1       =-0.60000E+01（-）
  R2       = 0.00000E+00（-）
  R3       = 0.00000E+00（-）
     （以下省略）
```

このDATファイルは，単なるテキスト文書であるので，直接このデータを修正した上で保存すると，次の計算用のインプットデータとして用いることができる．

具体的には，上記の最初の解析内容選択メニューにて，"1"「一般」とした後，データファイル使用方法画面にて，"1"の「既存のファイルでそのまま解析実行」とすると，さきほど設定した新しいファイルが一番下側に表示されるので，その番号を選択すると解析することができる．

## A.2 第2章の例題のインプットデータ

=============================================================
【例題2.1】目的関数2次，制約条件線形の最小化（2次計画問題）
=============================================================

＜インプットデータ＞

```
KOPT.15.2次計画法の例題1.Y180314.DAT
-------------------------------------------------------------
 f= R1＊X1      +R2 ＊ X2      +R3 ＊ X3     +R4＊X4      （目的関数）
   +R5＊X1＊X2   +R6＊X1＊X3    +R7＊X1＊X4
   +R8＊X2＊X3   +R9＊X2＊X4    +R10＊X3＊X4
   +R11＊X1＊＊2 +R12＊X2＊＊2  +R13＊X3＊＊2  +R14＊X4＊＊2
```

付録　本書で利用する解析ツール（参考）

---

| | | |
|---|---|---|
| R1  | =-0.60000E+01 | (-) |
| R2  | = 0.00000E+00 | (-) |
| R3  | = 0.00000E+00 | (-) |
| R4  | = 0.00000E+00 | (-) |
| R5  | =-0.20000E+01 | (-) |
| R6  | = 0.00000E+00 | (-) |
| R7  | = 0.00000E+00 | (-) |
| R8  | = 0.00000E+00 | (-) |
| R9  | = 0.00000E+00 | (-) |
| R10 | = 0.00000E+00 | (-) |
| R11 | = 0.20000E+01 | (-) |
| R12 | = 0.20000E+01 | (-) |
| R13 | = 0.00000E+00 | (-) |
| R14 | = 0.00000E+00 | (-) |

---

G1= GA1∗X1 +GA2∗X2 +GA3∗X3 +GA4∗X4 +GA5∗X1∗∗2　（不等式　　）
　　+GA6∗X2∗∗2 +GA7∗X3∗∗2 +GA8∗X4∗∗2 ≦ GA9　　　（制約条件 1）

---

| | | |
|---|---|---|
| GA1 | = 0.30000E+01 | (-) |
| GA2 | = 0.40000E+01 | (-) |
| GA3 | = 0.00000E+00 | (-) |
| GA4 | = 0.00000E+00 | (-) |
| GA5 | = 0.00000E+00 | (-) |
| GA6 | = 0.00000E+00 | (-) |
| GA7 | = 0.00000E+00 | (-) |
| GA8 | = 0.00000E+00 | (-) |
| GA9 | = 0.60000E+01 | (-) |

---

G2= GB1∗X1 +GB2∗X2 +GB3∗X3 +GB4∗X4 +GB5∗X1∗∗2　（不等式　　）
　　+GB6∗X2∗∗2 +GB7∗X3∗∗2 +GB8∗X4∗∗2 ≦ GB9　　　（制約条件 2）

---

| | | |
|---|---|---|
| GB1 | =-0.10000E+01 | (-) |
| GB2 | = 0.40000E+01 | (-) |
| GB3 | = 0.00000E+00 | (-) |
| GB4 | = 0.00000E+00 | (-) |
| GB5 | = 0.00000E+00 | (-) |
| GB6 | = 0.00000E+00 | (-) |
| GB7 | = 0.00000E+00 | (-) |
| GB8 | = 0.00000E+00 | (-) |
| GB9 | = 0.20000E+01 | (-) |

---

A.2 第2章の例題のインプットデータ

G3= GC1∗X1 +GC2∗X2 +GC3∗X3 +GC4∗X4 +GC5∗X1∗∗2　（不等式　　）
　　+GC6∗X2∗∗2 +GC7∗X3∗∗2 +GC8∗X4∗∗2 ≦ GC9　　　（制約条件 3）

---

| | |
|---|---|
| GC1 | =-0.10000E+01 (-) |
| GC2 | = 0.00000E+00 (-) |
| GC3 | = 0.00000E+00 (-) |
| GC4 | = 0.00000E+00 (-) |
| GC5 | = 0.00000E+00 (-) |
| GC6 | = 0.00000E+00 (-) |
| GC7 | = 0.00000E+00 (-) |
| GC8 | = 0.00000E+00 (-) |
| GC9 | = 0.00000E+00 (-) |

G4= GD1∗X1 +GD2∗X2 +GD3∗X3 +GD4∗X4 +GD5∗X1∗∗2　（不等式　　）
　　+GD6∗X2∗∗2 +GD7∗X3∗∗2 +GD8∗X4∗∗2 ≦ GD9　　　（制約条件 4）

---

| | |
|---|---|
| GD1 | = 0.00000E+00 (-) |
| GD2 | =-0.10000E+01 (-) |
| GD3 | = 0.00000E+00 (-) |
| GD4 | = 0.00000E+00 (-) |
| GD5 | = 0.00000E+00 (-) |
| GD6 | = 0.00000E+00 (-) |
| GD7 | = 0.00000E+00 (-) |
| GD8 | = 0.00000E+00 (-) |
| GD9 | = 0.00000E+00 (-) |

H= HD1∗X1 +HD2∗X2 +HD3∗X3 +HD4∗X4 +HD5∗X1∗∗2　（等式　　）
　　+HD6∗X2∗∗2 +HD7∗X3∗∗2 +HD8∗X4∗∗2 = HD9　　　（制約条件）

---

| | |
|---|---|
| HD1 | = 0.00000E+00 (-) |
| HD2 | = 0.00000E+00 (-) |
| HD3 | = 0.00000E+00 (-) |
| HD4 | = 0.00000E+00 (-) |
| HD5 | = 0.00000E+00 (-) |
| HD6 | = 0.00000E+00 (-) |
| HD7 | = 0.00000E+00 (-) |
| HD8 | = 0.00000E+00 (-) |
| HD9 | = 0.00000E+00 (-) |
| 制約条件の閾値 | = 0.99900E+03 (-) |

---

変数 X の数 NXP ＝　　　2
最適化探索回数 ＝ 100000000

探索範囲 max 値 = 0.20000E+01 (-)
探索範囲 min 値 = 0.10000E-04 (-)
------------------------------------------- (DATA END) -------------------------------------------
＜解析結果＞
IMONTE= 100000001　評価関数 J1=　　　-5.351351
G1=　　　　5.999998　G2=　　1.624384E-01
G3=　　　 -1.459390　G4=　-4.054571E-01
H =　　0.000000E+00
&&&&&（最適ゲイン探索結果）&&&&&&
& （1）0.145939E+01　　　　　　　　&
& （2）0.405457E+00　　　　　　　　&
&&&&&&&&&&&&&&&&&&&&&&&&&&&&

==================================================================
## 【例題 2.2】目的関数 2 次，制約条件 2 次の最小化問題
==================================================================

＜インプットデータ＞

KOPT.15.2 次計画法の例題 2.Y180314.DAT

---

f= R1＊X1　　　+R2＊X2　　　+R3＊X3　　　+R4＊X4　　（目的関数）
　+R5＊X1＊X2　+R6＊X1＊X3　+R7＊X1＊X4
　+R8＊X2＊X3　+R9＊X2＊X4　+R10＊X3＊X4
　+R11＊X1＊＊2　+R12＊X2＊＊2　+R13＊X3＊＊2　　+R14＊X4＊＊2

---

| R1  | =-0.50000E+01 (-) |
| R2  | =-0.50000E+01 (-) |
| R3  | =-0.21000E+02 (-) |
| R4  | = 0.70000E+01 (-) |
| R5  | = 0.00000E+00 (-) |
| R6  | = 0.00000E+00 (-) |
| R7  | = 0.00000E+00 (-) |
| R8  | = 0.00000E+00 (-) |
| R9  | = 0.00000E+00 (-) |
| R10 | = 0.00000E+00 (-) |
| R11 | = 0.10000E+01 (-) |
| R12 | = 0.10000E+01 (-) |
| R13 | = 0.20000E+01 (-) |
| R14 | = 0.10000E+01 (-) |

---

A.2　第 2 章の例題のインプットデータ

$G1 = GA1*X1 + GA2*X2 + GA3*X3 + GA4*X4 + GA5*X1**2$ （不等式　　）
　　$+ GA6*X2**2 + GA7*X3**2 + GA8*X4**2 \leqq GA9$　　（制約条件 1）

---

| | | |
|---|---|---|
| GA1 | = 0.10000E+01 | (-) |
| GA2 | =-0.10000E+01 | (-) |
| GA3 | = 0.10000E+01 | (-) |
| GA4 | =-0.10000E+01 | (-) |
| GA5 | = 0.10000E+01 | (-) |
| GA6 | = 0.10000E+01 | (-) |
| GA7 | = 0.10000E+01 | (-) |
| GA8 | = 0.10000E+01 | (-) |
| GA9 | = 0.80000E+01 | (-) |

---

$G2 = GB1*X1 + GB2*X2 + GB3*X3 + GB4*X4 + GB5*X1**2$ （不等式　　）
　　$+ GB6*X2**2 + GB7*X3**2 + GB8*X4**2 \leqq GB9$　　（制約条件 2）

---

| | | |
|---|---|---|
| GB1 | =-0.10000E+01 | (-) |
| GB2 | = 0.00000E+00 | (-) |
| GB3 | = 0.00000E+00 | (-) |
| GB4 | =-0.10000E+01 | (-) |
| GB5 | = 0.10000E+01 | (-) |
| GB6 | = 0.20000E+01 | (-) |
| GB7 | = 0.10000E+01 | (-) |
| GB8 | = 0.20000E+01 | (-) |
| GB9 | = 0.10000E+02 | (-) |

---

$G3 = GC1*X1 + GC2*X2 + GC3*X3 + GC4*X4 + GC5*X1**2$ （不等式　　）
　　$+ GC6*X2**2 + GC7*X3**2 + GC8*X4**2 \leqq GC9$　　（制約条件 3）

---

| | | |
|---|---|---|
| GC1 | = 0.20000E+01 | (-) |
| GC2 | =-0.10000E+01 | (-) |
| GC3 | = 0.00000E+00 | (-) |
| GC4 | =-0.10000E+01 | (-) |
| GC5 | = 0.20000E+01 | (-) |
| GC6 | = 0.10000E+01 | (-) |
| GC7 | = 0.10000E+01 | (-) |
| GC8 | = 0.00000E+00 | (-) |
| GC9 | = 0.50000E+01 | (-) |

---

$G4 = GD1*X1 + GD2*X2 + GD3*X3 + GD4*X4 + GD5*X1**2$ （不等式　　）
　　$+ GD6*X2**2 + GD7*X3**2 + GD8*X4**2 \leqq GD9$　　（制約条件 4）

---

付録　本書で利用する解析ツール（参考）

```
GD1           = 0.00000E+00 (-)
GD2           = 0.00000E+00 (-)
GD3           = 0.00000E+00 (-)
GD4           = 0.00000E+00 (-)
GD5           = 0.00000E+00 (-)
GD6           = 0.00000E+00 (-)
GD7           = 0.00000E+00 (-)
GD8           = 0.00000E+00 (-)
GD9           = 0.99900E+03 (-)
```

---

H= HD1＊X1 +HD2＊X2 +HD3＊X3 +HD4＊X4 +HD5＊X1＊＊2　（等式　）
　+HD6＊X2＊＊2 +HD7＊X3＊＊2 +HD8＊X4＊＊2 = HD9　　　（制約条件）

---

```
HD1           = 0.00000E+00 (-)
HD2           = 0.00000E+00 (-)
HD3           = 0.00000E+00 (-)
HD4           = 0.00000E+00 (-)
HD5           = 0.00000E+00 (-)
HD6           = 0.00000E+00 (-)
HD7           = 0.00000E+00 (-)
HD8           = 0.00000E+00 (-)
HD9           = 0.00000E+00 (-)
制約条件の閾値 = 0.99900E+03 (-)
```

---

```
変数 X の数 NXP   =        4
最適化探索回数 = 100000000
探索範囲 max 値  = 0.30000E+01 (-)
探索範囲 min 値  =-0.30000E+01 (-)
```
----------------------------------------（DATA END）----------------------------------------

＜解析結果＞
　IMONTE=　100000001　評価関数 J1=　　-43.986088
　G1=　　　　　7.999143　G2=　　　9.024497
　G3=　　　　　4.999972　G4=　　0.000000E+00
　H =　　　0.000000E+00
　&&&&&（最適ゲイン探索結果）&&&&&&
　&（1）-0.370237E-01　　　　　　&
　&（2） 0.101084E+01　　　　　　&
　&（3） 0.202243E+01　　　　　　&
　&（4）-0.970097E+00　　　　　　&
　&&&&&&&&&&&&&&&&&&&&&&&&&&&&&&

## A.2 第2章の例題のインプットデータ

==========================================================
### 【例題2.3】目的関数1次,制約条件1次と2次の最小化問題
==========================================================

<インプットデータ>

KOPT.15.2 次計画法の例題 3.Y180314.DAT

---

$f=$ R1∗X1　　　　+R2∗X2　　　　+R3∗X3　　　　+R4∗X4　　　（目的関数）
　+R5∗X1∗X2　+R6∗X1∗X3　+R7∗X1∗X4
　+R8∗X2∗X3　+R9∗X2∗X4　+R10∗X3∗X4
　+R11∗X1∗∗2　+R12∗X2∗∗2　+R13∗X3∗∗2　　+R14∗X4∗∗2

---

| | |
|---|---|
| R1 | = 0.00000E+00 (-) |
| R2 | =-0.10000E+01 (-) |
| R3 | = 0.00000E+00 (-) |
| R4 | = 0.00000E+00 (-) |
| R5 | = 0.00000E+00 (-) |
| R6 | = 0.00000E+00 (-) |
| R7 | = 0.00000E+00 (-) |
| R8 | = 0.00000E+00 (-) |
| R9 | = 0.00000E+00 (-) |
| R10 | = 0.00000E+00 (-) |
| R11 | = 0.00000E+00 (-) |
| R12 | = 0.00000E+00 (-) |
| R13 | = 0.00000E+00 (-) |
| R14 | = 0.00000E+00 (-) |

---

G1= GA1∗X1 +GA2∗X2 +GA3∗X3 +GA4∗X4 +GA5∗X1∗∗2　（不等式　　）
　+GA6∗X2∗∗2 +GA7∗X3∗∗2 +GA8∗X4∗∗2 ≦ GA9　　　　（制約条件1）

---

| | |
|---|---|
| GA1 | =-0.10000E+01 (-) |
| GA2 | = 0.20000E+01 (-) |
| GA3 | = 0.00000E+00 (-) |
| GA4 | = 0.00000E+00 (-) |
| GA5 | = 0.00000E+00 (-) |
| GA6 | = 0.00000E+00 (-) |
| GA7 | = 0.00000E+00 (-) |
| GA8 | = 0.00000E+00 (-) |
| GA9 | = 0.10000E+01 (-) |

---

G2= GB1∗X1 +GB2∗X2 +GB3∗X3 +GB4∗X4 +GB5∗X1∗∗2　（不等式　　）
　+GB6∗X2∗∗2 +GB7∗X3∗∗2 +GB8∗X4∗∗2 ≦ GB9　　　　（制約条件2）

付録　本書で利用する解析ツール（参考）

---

| | |
|---|---|
| GB1 | = 0.00000E+00 (-) |
| GB2 | = 0.00000E+00 (-) |
| GB3 | = 0.00000E+00 (-) |
| GB4 | = 0.00000E+00 (-) |
| GB5 | = 0.00000E+00 (-) |
| GB6 | = 0.00000E+00 (-) |
| GB7 | = 0.00000E+00 (-) |
| GB8 | = 0.00000E+00 (-) |
| GB9 | = 0.99900E+03 (-) |

G3= GC1＊X1 +GC2＊X2 +GC3＊X3 +GC4＊X4 +GC5＊X1＊＊2　（不等式　　）
　　+GC6＊X2＊＊2 +GC7＊X3＊＊2 +GC8＊X4＊＊2 ≦ GC9　　　（制約条件 3）

---

| | |
|---|---|
| GC1 | = 0.00000E+00 (-) |
| GC2 | = 0.00000E+00 (-) |
| GC3 | = 0.00000E+00 (-) |
| GC4 | = 0.00000E+00 (-) |
| GC5 | = 0.00000E+00 (-) |
| GC6 | = 0.00000E+00 (-) |
| GC7 | = 0.00000E+00 (-) |
| GC8 | = 0.00000E+00 (-) |
| GC9 | = 0.99900E+03 (-) |

G4= GD1＊X1 +GD2＊X2 +GD3＊X3 +GD4＊X4 +GD5＊X1＊＊2　（不等式　　）
　　+GD6＊X2＊＊2 +GD7＊X3＊＊2 +GD8＊X4＊＊2 ≦ GD9　　　（制約条件 4）

---

| | |
|---|---|
| GD1 | = 0.00000E+00 (-) |
| GD2 | = 0.00000E+00 (-) |
| GD3 | = 0.00000E+00 (-) |
| GD4 | = 0.00000E+00 (-) |
| GD5 | = 0.00000E+00 (-) |
| GD6 | = 0.00000E+00 (-) |
| GD7 | = 0.00000E+00 (-) |
| GD8 | = 0.00000E+00 (-) |
| GD9 | = 0.99900E+03 (-) |

H= HD1＊X1 +HD2＊X2 +HD3＊X3 +HD4＊X4 +HD5＊X1＊＊2　（等式　　）
　　+HD6＊X2＊＊2 +HD7＊X3＊＊2 +HD8＊X4＊＊2 ＝ HD9　　　（制約条件）

---

| | |
|---|---|
| HD1 | = 0.00000E+00 (-) |
| HD2 | = 0.00000E+00 (-) |

```
HD3           = 0.00000E+00 (-)
HD4           = 0.00000E+00 (-)
  HD5         = 0.10000E+01 (-)
  HD6         = 0.10000E+01 (-)
  HD7         = 0.10000E+01 (-)
HD8           = 0.00000E+00 (-)
  HD9         = 0.10000E+01 (-)
制約条件の閾値 = 0.10000E-02 (-)
```
---
```
変数 X の数 NXP  =    3
最適化探索回数 = 100000000
探索範囲 max 値 = 0.10000E+01 (-)
探索範囲 min 値 =-0.10000E+01 (-)
```
-------------------------------------------- (DATA END) --------------------------------------------

```
＜解析結果＞
IMONTE=  100000001   評価関数 J1=  -8.000472E-01
G1=     9.999123E-01  G2=    0.000000E+00
G3=     0.000000E+00  G4=    0.000000E+00
H =         1.000495
&&&&&（最適ゲイン探索結果）&&&&&
&（1）0.600182E+00              &
&（2）0.800047E+00              &
&（3）-0.141747E-01              &
&&&&&&&&&&&&&&&&&&&&&&&&&&&
```

## A.3　第 3 章の例題のインプットデータ

==============================================================

### 【例題 3.1】非線形システムの安定化制御（1）

==============================================================

＜インプットデータ＞

　　KOPT.17. 非線形最適制御則 1.Y180411.DAT

---

```
X1dot= R1*X1     +R2*X2        +R3*X1^2      +R4*X2^2
   +R5*X1*X2  +R6*X1^2*X2 +R7*X1*X2^2 +R8*X1^2*X2^2
   +R9*X1^3   +R10*X2^3   +R11*U

X2dot= R12*X1        +R13*X2        +R14*X1^2    +R15*X2^2
   +R16*X1*X2    +R17*X1^2*X2  +R18*X1*X2^2
   +R19*X1^2*X2^2 +R20*X1^3   +R21*X2^3      +R22*U
```

付録　本書で利用する解析ツール（参考）

---

```
R1      = 0.00000E+00 (-)
 R2     = 0.30000E+01 (-)
R3      = 0.00000E+00 (-)
R4      = 0.00000E+00 (-)
R5      = 0.00000E+00 (-)
R6      = 0.00000E+00 (-)
R7      = 0.00000E+00 (-)
R8      = 0.00000E+00 (-)
R9      = 0.00000E+00 (-)
 R10    = 0.10000E+01 (-)
 R11    = 0.10000E+01 (-)
 R12    = 0.10000E+01 (-)
R13     = 0.00000E+00 (-)
R14     = 0.00000E+00 (-)
R15     = 0.00000E+00 (-)
R16     = 0.00000E+00 (-)
R17     = 0.00000E+00 (-)
R18     = 0.00000E+00 (-)
R19     = 0.00000E+00 (-)
R20     = 0.00000E+00 (-)
R21     = 0.00000E+00 (-)
 R22    = 0.10000E+01 (-)
```

---

$U = G1*X1 \quad +G2*X2 \quad +G3*X1^3 \quad +G4*X1^2*X2$
$\quad +G5*X1*X2^2 \quad +G6*X2^3 \quad +G7*X1*X2 \quad +G8*X1^2*X2^2$
$\quad +G9*X1^2 \quad +G10*X2^2$

---

```
 G1     = 0.10000E+01 (-)
 G2     = 0.10000E+01 (-)
 G3     = 0.10000E+01 (-)
 G4     = 0.10000E+01 (-)
 G5     = 0.10000E+01 (-)
 G6     = 0.10000E+01 (-)
G7      = 0.00000E+00 (-)
G8      = 0.00000E+00 (-)
G9      = 0.00000E+00 (-)
G10     = 0.00000E+00 (-)
```

---

計算時間 Tmax　= 0.50000E+01（sec）
最適化探索回数 = 1000000
探索範囲 max 値　= 0.10000E+00 (-)

探索範囲 min 値 =-0.50000E+01（-）
...（初期条件）...
X（1）　　　　　　= 0.10000E+01（-）
X（2）　　　　　　= 0.10000E+01（-）
X（3）文献の式用 = 0.10000E+01（-）
X（4）文献の式用 = 0.10000E+01（-）
制御なし（u=0）を計算しますか？
No=0, Yes=1 ⇒ = 0
------------------------------------------------（DATA END）------------------------------------------------
＜解析結果＞
　NXP= 4, NUP= 1, DT= 0.10000E-01
　IMONTE=　　1000001　評価関数 J1=　4.931416E-11
　&&&&&（最適ゲイン探索結果）&&&&&
　&（1）-0.7483E+01　　　　　　　　&
　&（2）-0.1595E+01　　　　　　　　&
　&（3）-0.2244E+01　　　　　　　　&
　&（4）-0.5464E+01　　　　　　　　&
　&（5）-0.2754E+01　　　　　　　　&
　&（6）-0.3733E+01　　　　　　　　&
　&&&&&&&&&&&&&&&&&&&&&&&&&&&&&

===============================================================

## 【例題 3.2】非線形システムの安定化制御（2）

===============================================================

＜インプットデータ＞

　KOPT.24. 非線形制御則（2）1.Y180710.DAT

------------------------------------------------------------------------------------------------

X1dot= R1＊X1　　　+R2＊X2　　　　+R3＊X1^2　　　+R4＊X2^2
　　　+R5＊X1＊X2　+R6＊X1^2＊X2　+R7＊X1＊X2^2　+R8＊X1^2＊X2^2
　　　+R9＊X1^3　　+R10＊X2^3　　 +R11＊U2

X2dot= R12＊X1　　 +R13＊X2　　　 +R14＊X1^2　　 +R15＊X2^2
　　　+R16＊X1＊X2 +R17＊X1^2＊X2 +R18＊X1＊X2^2
　　　+R19＊X1^2＊X2^2 +R20＊X1^3 　+R21＊X2^3　　+R22＊U2

X3dot= U1

------------------------------------------------------------------------------------------------

R1　　　　　= 0.00000E+00（-）
　R2　　　　= 0.10000E+01（-）
R3　　　　　= 0.00000E+00（-）

付録　本書で利用する解析ツール（参考）

| | | |
|---|---|---|
| R4 | = 0.00000E+00 | (-) |
| R5 | = 0.00000E+00 | (-) |
| R6 | = 0.00000E+00 | (-) |
| R7 | = 0.00000E+00 | (-) |
| R8 | = 0.00000E+00 | (-) |
| R9 | = 0.00000E+00 | (-) |
| R10 | = 0.00000E+00 | (-) |
| R11 | = 0.10000E+01 | (-) |
| R12 | =-0.10000E+01 | (-) |
| R13 | =-0.40000E+01 | (-) |
| R14 | = 0.00000E+00 | (-) |
| R15 | = 0.00000E+00 | (-) |
| R16 | = 0.00000E+00 | (-) |
| R17 | = 0.00000E+00 | (-) |
| R18 | = 0.00000E+00 | (-) |
| R19 | = 0.00000E+00 | (-) |
| R20 | = 0.10000E+01 | (-) |
| R21 | = 0.00000E+00 | (-) |
| R22 | = 0.00000E+00 | (-) |

------------------------------------------------------------

$U1 = G1*X3 + G2*X1 + G3*X1^3 + G6*X2 + G7*X1^2*X2 + G8*X1*X2^2 + G9*X2^3 + G10*X1*X2 + G11*X1^2*X2^2 + G12*X1^2 + G13*X2^2$

$U2 = G4*X1 + G5*X3*X1^2$

------------------------------------------------------------

| | | |
|---|---|---|
| G1 | = 0.10000E+01 | (-) |
| G2 | = 0.10000E+01 | (-) |
| G3 | = 0.10000E+01 | (-) |
| G4 | = 0.10000E+01 | (-) |
| G5 | = 0.10000E+01 | (-) |
| G6 | = 0.00000E+00 | (-) |
| G7 | = 0.00000E+00 | (-) |
| G8 | = 0.00000E+00 | (-) |
| G9 | = 0.00000E+00 | (-) |
| G10 | = 0.00000E+00 | (-) |
| G11 | = 0.00000E+00 | (-) |
| G12 | = 0.00000E+00 | (-) |
| G13 | = 0.00000E+00 | (-) |

------------------------------------------------------------

計算時間 Tmax　= 0.20000E+01（sec）
最適化探索回数 = 1000000
探索範囲 max 値 = 0.50000E+01 (-)

探索範囲 min 値 =-0.50000E+01 (-)
...（初期条件）...
X（1）　　　　　= 0.50000E+01 (-)
X（2）　　　　　= 0.50000E+01 (-)
KMAP法（=0），文献（=1），NO制御（=2）?
0, 1, 2 入力⇒ = 0
------------------------------------------ (DATA END) ---------------------------------------
＜解析結果＞
NXP= 3, NUP= 2, DT= 0.10000E-02
　IMONTE=　　　1000001　評価関数 J1=　　　2.806973E-07
　&&&&&（最適ゲイン探索結果）&&&&&
　&（1）-0.4217E+01　　　　　　　　&
　&（2）-0.7453E+01　　　　　　　　&
　&（3）0.1407E+01　　　　　　　　&
　&（4）-0.5718E+01　　　　　　　　&
　&（5）-0.6871E+01　　　　　　　　&
　&&&&&&&&&&&&&&&&&&&&&&&&&&&&&


==============================================================
## 【例題 3.3】非線形システムの安定化制御（3）
==============================================================

＜インプットデータ＞

　KOPT.31. 非線形最適制御則（3）2.Y181212.DAT
----------------------------------------------------------------------
　X1dot= R1*X1　　　+R2*X2　　　　+R3*X1^2　　+R4*X2^2
　　　+R5*X1*X2　+R6*X1^2*X2　+R7*X1*X2^2　+R8*X1^2*X2^2
　　　+R9*X1^3　　+R10*X2^3　　+R11*U

　X2dot= R12*X1　　　　+R13*X2　　　　+R14*X1^2　　　+R15*X2^2
　　　+R16*X1*X2　　+R17*X1^2*X2　+R18*X1*X2^2
　　　+R19*X1^2*X2^2　+R20*X1^3　　　+R21*X2^3　　　+R22*U
----------------------------------------------------------------------
　R1　　　　　　= 0.00000E+00 (-)
　　R2　　　　　= 0.10000E+01 (-)
　　　R3　　　　= 0.10000E+01 (-)
　R4　　　　　　= 0.00000E+00 (-)
　R5　　　　　　= 0.00000E+00 (-)
　R6　　　　　　= 0.00000E+00 (-)
　R7　　　　　　= 0.00000E+00 (-)
　R8　　　　　　= 0.00000E+00 (-)

付録　本書で利用する解析ツール（参考）

```
   R9        =-0.10000E+01 (-)
  R10        = 0.00000E+00 (-)
  R11        = 0.00000E+00 (-)
  R12        = 0.00000E+00 (-)
  R13        = 0.00000E+00 (-)
  R14        = 0.00000E+00 (-)
  R15        = 0.00000E+00 (-)
  R16        = 0.00000E+00 (-)
  R17        = 0.00000E+00 (-)
  R18        = 0.00000E+00 (-)
  R19        = 0.00000E+00 (-)
  R20        = 0.00000E+00 (-)
  R21        = 0.00000E+00 (-)
   R22       = 0.10000E+01 (-)
```

---

$U = G1*X1 + G2*X1^2 + G3*X1^3 + G4*X1^4$
$+ G5*X2 + G6*X2^2 + G7*X2^3 + G8*X2^4$
$+ G9*X1*X2 + G10*X1^2*X2$ （下記に 0.0 または 1.0 設定）

---

```
   G1        = 0.10000E+01 (-)
   G2        = 0.10000E+01 (-)
   G3        = 0.10000E+01 (-)
   G4        = 0.10000E+01 (-)
   G5        = 0.10000E+01 (-)
  G6         = 0.00000E+00 (-)
  G7         = 0.00000E+00 (-)
  G8         = 0.00000E+00 (-)
   G9        = 0.10000E+01 (-)
  G10        = 0.00000E+00 (-)
```

---

計算時間 Tmax　= 0.50000E+01（sec）
最適化探索回数 = 1000000
探索範囲 max 値 = 0.10000E+00 (-)
探索範囲 min 値 =-0.50000E+01 (-)
…（初期条件）…
X（1）　　　　= 0.10000E+01 (-)
X（2）　　　　= 0.10000E+01 (-)
X（3）文献の式用 = 0.10000E+01 (-)
X（4）文献の式用 = 0.10000E+01 (-)
制御なし（u=0）を計算しますか？
No=0, Yes=1 ⇒ = 0

---------------------------------- (DATA END) ----------------------------------

＜解析結果＞
NXP= 4, NUP= 1, DT= 0.10000E-01
 IMONTE=    1000001  評価関数 J1=    1.076784E-07
 &&&&& （最適ゲイン探索結果） &&&&&
 & （1）-0.5402E+01                &
 & （2）-0.4930E+01                &
 & （3）-0.5004E+01                &
 & （4） 0.2499E-01                &
 & （5）-0.5007E+01                &
 & （6） 0.8735E-01                &
 &&&&&&&&&&&&&&&&&&&&&&&&&&&

## A.4　第4章の例題のインプットデータ

========================================================
### 【例題 4.1】最速降下線
========================================================

＜インプットデータ＞

KOPT.06. 最速降下線 1.Y180223.DAT
--------------------------------------------------------------------------
計算時間 Tmax　= 0.20000E+01 （sec）
最適化探索回数 = 550000
探索範囲 max 値 = 0.90000E+02 （deg）
探索範囲 min 値 =-0.10000E+00 （deg）
... （初期条件） ...
X （1）=X1INI （=X） = 0.00000E+00 （m）
X （2）=X2INI （=h）=-0.10000E-03 （m）
... （終端条件） ...
X （1）=X1TF （=X） = 0.10000E+02 （m）
X （2）=X2TF （=h） =-0.10000E+02 （m）
--------------------------------- （DATA END） ---------------------------------
＜解析結果＞
NXP= 2, NUP= 1, DT= 0.10000E-02
評価関数 J1,J2=  3.267288E-03     1.844000
IMONTE=    550001 Time=    1.844000 （sec）
X=     9.996733 （m） h=    -10.001939 （m））
&&&&& （最適ゲイン探索結果） &&&&&&&&&&
1.NDe------> 9
 T , De                  0.0000        0.0000

付録　本書で利用する解析ツール（参考）

```
                0.2500          0.1249
                0.5000          0.1603
                0.7500          0.6428
                1.0000          0.5983
                1.2500          0.8519
                1.5000          0.9446
                1.7500          1.2074
                2.0000          1.0527
&&&&&&&&&&&&&&&&&&&&&&&&&&&&&&&&&&&
```

===============================================================

## 【例題 4.2】加速・減速最短時間制御

===============================================================

＜インプットデータ＞

KOPT.26. 加速減速最適制御 6.Y180719.DAT

---

計算時間 Tmax　 = 0.17000E+02 （sec）
最適化探索回数 = 1000000
探索範囲 max 値 = 0.10000E+02 (-)
探索範囲 min 値 =-0.90000E+01 (-)
制御入力±制限 = 0.10000E+01 (-)
（X2-X2TF）の閾値 = 0.10000E+00 (-)
... （初期条件） ...
X（1）=X1INI　　= 0.00000E+00 (-)
X（2）=X2INI　　= 0.00000E+00 (-)
... （終端条件） ...
X（1）=X1TF　　 = 0.50000E+02 (-)
X（2）=X2TF　　 = 0.00000E+00 (-)

---

＜解析結果＞
NXP= 2, NUP= 1, DT= 0.10000E-02  Tmax= 0.17000E+02 （sec）
IMONTE=　　1000001　評価関数 J1= 　9.509197E-03
tf= 　　14.582001
X1（tf）=　　　50.000004  X2（tf）= 　9.509197E-03
&&&&&（最適ゲイン探索結果）&&&&&&
&（1）0.1266E+02　　　　　&
&（2）0.2855E+01　　　　　&
&（3）0.5332E+01　　　　　&
&（4）-0.9233E+01　　　　 &
&（5）-0.4038E+01　　　　 &

```
&（6）-0.2150E+01              &
&（7） 0.2419E+00              &
&（8）-0.1540E+01              &
&&&&&&&&&&&&&&&&&&&&&&&&&&&
```

===============================================================

## 【例題 4.3】 高度と速度を指定した最短時間上昇

===============================================================

＜インプットデータ＞

```
KOPT.28. 最短時間上昇問題 1.Y180724.DAT
------------------------------------------------------------------------
計算時間 Tmax     = 0.20000E+02 （sec）
最適化探索回数    = 1000000
探索範囲 max 値   = 0.10000E+03 （-）
探索範囲 min 値   =-0.10000E+03 （-）
制御入力±制限    = 0.90000E+02 （-）
加速度 ACC       = 0.19600E+02 （m/s2）
...（終端条件）...
h（tf）=HTF       = 0.50000E+03 （m）
X3（tf）=X3TF     = 0.30000E+03 （m/s）
..（理論解計算）..
理論計算⇒1 入力  = 0.00000E+00 （-）
------------------------------------------------------------------------
```

＜解析結果＞

```
NXP= 4, NUP= 1, DT= 0.10000E-02 Tmax= 0.20000E+02 （sec）
IMONTE=     1000001 評価関数 J1=      8.911411
tf=         16.534000 評価関数 J2=     16.534000
X1（m）    =    2466.282471 X2（m）    =     501.800568
X3（m/s）  =     300.005493 X4（m/S）  =       2.381043
&&&&&（最適ゲイン探索結果）&&&&&&
&（1） 0.3621E+02              &
&（2） 0.3507E+02              &
&（3）-0.1872E+02              &
&（4）-0.4433E+01              &
&（5）-0.7621E+01              &
&（6）-0.3766E+02              &
&（7）-0.7583E+01              &
&（8）-0.1364E+02              &
&&&&&&&&&&&&&&&&&&&&&&&&&&&
```

## A.5 第5章の例題のインプットデータ

===================================================================
【例題5.1】5秒後の $x_i^2$ 最小（入力制限なし）
===================================================================

＜インプットデータ＞

KOPT.25.非線形最適制御 3.Y180718.DAT
------------------------------------------------------------------

次の非線形システム
    X1dot=(1-X1^2\X2^2) X1-X2+U
    X2dot=-X1
初期条件
    X1=0, X2=2
tf=5
評価関数
    J=2{X1^2(tf)+X2^2(tf)}+R1＊積分(0-tf)[X1^2+X2^2+R2＊U^2]
------------------------------------------------------------------

計算時間 Tmax    = 0.50000E+01（sec）
最適化探索回数 = 1000000
探索範囲 max 値 = 0.20000E+01 (-)
探索範囲 min 値 =-0.20000E+01 (-)
制御入力±制限 = 0.99900E+03 (-)
...（初期条件）...
X（1）         = 0.00000E+00 (-)
X（2）         = 0.20000E+01 (-)
.（評価関数係数）.
R1            = 0.00000E+00 (-)
R2            = 0.00000E+00 (-)
------------------------------------------------------------------

＜解析結果＞
NXP= 3, NUP= 1, DT= 0.10000E-02  Tmax= 0.50000E+01(sec)
IMONTE=    1000001   評価関数 J1=   2.222415E-06
X1=    -9.602879E-04   X2=   -4.348044E-04
&&&&&（最適ゲイン探索結果）&&&&&&
&（1）-0.1487E+01                &
&（2）0.1596E+00                 &
&（3）-0.1092E+00                &
&（4）0.1494E+01                 &
&（5）0.1452E+01                 &
&（6）-0.1831E+01                &

```
     &（7）0.4655E-01                &
     &（8）0.7752E+00                &
     &&&&&&&&&&&&&&&&&&&&&&&&&&&&&
```

==========================================================

## 【例題 5.2】5 秒後の（$x_i^2$＋積分 [$x_i^2$]）最小（入力制限なし）

==========================================================

＜インプットデータ＞

KOPT.25. 非線形最適制御 2.Y180718.DAT

--------------------------------------------------------------------------------
例題 5.1 のデータで，R1=1 とする．（その他は同じ）
--------------------------------------------------------------------------------

＜解析結果＞
```
 NXP= 3, NUP= 1, DT= 0.10000E-02  Tmax= 0.50000E+01 (sec)
 IMONTE=    1000001   評価関数 J1=      5.343545
 X1=   -5.965288E-02  X2=  -2.277589E-02
 &&&&&（最適ゲイン探索結果）&&&&&&
     &（1）-0.2950E+01                &
     &（2）0.1059E+01                &
     &（3）0.1404E+01                &
     &（4）0.5491E+00                &
     &（5）0.1051E+01                &
     &（6）-0.5749E+00                &
     &（7）-0.2858E+00                &
     &（8）0.1210E+01                &
     &&&&&&&&&&&&&&&&&&&&&&&&&&&&&
```

==========================================================

## 【例題 5.3】5 秒後の（$x_i^2$＋積分 [$x_i^2$＋$u^2$]）最小（入力制限なし）

==========================================================

＜インプットデータ＞

KOPT.25. 非線形最適制御 1.Y180717.DAT

--------------------------------------------------------------------------------
例題 5.1 のデータで，R1=1, R2=1 とする．（その他は同じ）
--------------------------------------------------------------------------------

＜解析結果＞
```
 NXP= 3, NUP= 1, DT= 0.10000E-02  Tmax= 0.50000E+01 (sec)
 IMONTE=    1000001   評価関数 J1=      7.664309
```

```
X1=    1.049246E-01  X2=  -1.340798E-01
&&&&&（最適ゲイン探索結果）&&&&&
&（1）-0.4997E+00              &
&（2）-0.2226E-02              &
&（3） 0.5972E+00              &
&（4） 0.1054E+01              &
&（5） 0.7521E+00              &
&（6） 0.3231E+00              &
&（7）-0.4067E+00              &
&（8）-0.1656E+00              &
&&&&&&&&&&&&&&&&&&&&&&&&&
```

==================================================================

## 【例題 5.4】5 秒後の $x_i^2$ 最小（入力制限あり）

==================================================================

＜インプットデータ＞

```
KOPT.25.非線形最適制御 6.Y180718.DAT
```

---

例題 5.1 のデータで，制御入力±制限 =1 とする．（その他は同じ）

---

```
＜解析結果＞
NXP= 3,  NUP= 1,  DT= 0.10000E-02  Tmax= 0.50000E+01（sec）
IMONTE=    1000001    評価関数 J1=   4.765376E-07
X1=    3.795567E-04  X2=   3.069292E-04
&&&&&（最適ゲイン探索結果）&&&&&
&（1）-0.8137E+00              &
&（2） 0.1520E+00              &
&（3） 0.9625E+00              &
&（4） 0.1811E+01              &
&（5） 0.6012E+00              &
&（6） 0.2642E+00              &
&（7） 0.8820E-01              &
&（8）-0.7637E+00              &
&&&&&&&&&&&&&&&&&&&&&&&&&
```

==================================================================

## 【例題 5.5】5 秒後の（$x_i^2$ + 積分 [$x_i^2$]）最小（入力制限あり）

==================================================================

＜インプットデータ＞

## A.5 第5章の例題のインプットデータ

KOPT.25. 非線形最適制御 5.Y180718.DAT

------------------------------------------------------------

例題 5.1 のデータで，制御入力±制限 =1, R1=1 とする．（その他は同じ）

------------------------------------------------------------

＜解析結果＞
NXP= 3, NUP= 1, DT= 0.10000E-02 Tmax= 0.50000E+01（sec）
IMONTE=    1000001  評価関数 J1=     5.485498
X1=     6.112668E-04  X2=     6.184376E-03
&&&&&（最適ゲイン探索結果）&&&&&
& （1）-0.2673E+01             &
& （2） 0.1061E+01             &
& （3） 0.2539E+01             &
& （4） 0.2232E+01             &
& （5） 0.4297E+00             &
& （6） 0.2575E+00             &
& （7） 0.2921E-01             &
& （8） 0.3014E-01             &
&&&&&&&&&&&&&&&&&&&&&&&&&&&&

==============================================================

## 【例題 5.6】5秒後の（$x_i^2$ + 積分 $[x_i^2 + u^2]$）最小（入力制限あり）

==============================================================

＜インプットデータ＞

KOPT.25. 非線形最適制御 4.Y180718.DAT

------------------------------------------------------------

例題 5.1 のデータで，制御入力±制限 =1, R1=1, R2=1 とする．（その他は同じ）

------------------------------------------------------------

＜解析結果＞
NXP= 3, NUP= 1, DT= 0.10000E-02 Tmax= 0.50000E+01（sec）
IMONTE=    1000001  評価関数 J1=     7.639525
X1=     6.836402E-02  X2=    -1.182663E-01
&&&&&（最適ゲイン探索結果）&&&&&
& （1）-0.4692E+00             &
& （2）-0.1394E+00             &
& （3） 0.6901E+00             &
& （4） 0.2371E+01             &
& （5） 0.5586E+00             &
& （6） 0.2776E+00             &
& （7）-0.1991E+00             &
& （8）-0.2441E+00             &

付録　本書で利用する解析ツール（参考）

&&&&&&&&&&&&&&&&&&&&&&&&&&&&&&

==================================================================

## 【例題 5.7】1 秒間で最小エネルギの質点引き戻し

==================================================================

＜インプットデータ＞

```
KOPT.29. 最小エネ引き戻し 6.Y180730.DAT
```
--------------------------------------------------------------

```
計算時間 Tmax    = 0.10000E+01（sec）
最適化探索回数 = 1000000
探索範囲 max 値 = 0.10000E+02（-）
探索範囲 min 値 =-0.60000E+01（-）
...（制約条件）...
X1 ≦ L        = 0.20000E+00（m）
.（評価関数係数）.
R1            = 0.10000E+00（-）
R2            = 0.10000E+02（-）
R3            = 0.10000E+02（-）
```
--------------------------------------------------------------

＜解析結果＞

```
IMONTE=     1000001  評価関数 J1=    5.015462E-01
tf=      9.990001E-01 評価関数 J2=    9999.000000
X1（m）   =  -8.846940E-03 X2（m/s）=  -9.708288E-01
J= 積分 [a^2]=    4.922539
&&&&&（最適ゲイン探索結果）&&&&&&
&（1）-0.4920E+01              &
&（2）-0.1470E+01              &
&（3）-0.1564E+01              &
&（4）-0.9789E+00              &
&（5）-0.4488E+00              &
&（6）-0.2851E+01              &
&（7）-0.2140E+01              &
&（8）-0.2831E+01              &
&&&&&&&&&&&&&&&&&&&&&&&&&&&&&&
```

## A.6　第6章の例題のインプットデータ

==============================================================
### 【例題6.1】飛翔体の最適航法
==============================================================

＜インプットデータ1＞

　　KOPT.14.飛翔体の最適航法1.Y180318.DAT
　　--------------------------------------------------------------------------------
　　--（ケース番号）= 1
　　1：KMAP 最適化法
　　2：3Vm・σ dot
　　3：3Vc・σ dot
　　4：3Vm・σ dot +KMAP 最適化法
　　5：積分 Vm・σ dot +KMAP 最適化法
　　6：ハイパス Vm・σ dot +KMAP 最適化法
　　--------------------------------------------------------------------------------
　　計算時間 Tmax　　　= 0.14000E+02（sec）
　　最適化探索回数　　= 1000000
　　Vt　　　　　　　　= 0.30000E+04（m/s）
　　at　　　　　　　　= 0.49000E+02（m/s2）
　　Vm　　　　　　　　= 0.10000E+04（m/s）
　　am 最大値　　　　 = 0.49000E+03（m/s2）
　　am 時定数　　　　 = 0.50000E+00（sec）
　　U1 最大値　　　　 = 0.50000E+02（m/s2）
　　---（初期条件）---
　　X（1）=Xm　　　　 = 0.00000E+00（m）
　　X（2）=Ym　　　　 = 0.00000E+00（m）
　　X（3）=Xt　　　　 = 0.50000E+05（m）
　　X（4）=Yt　　　　 = 0.10000E+05（m）
　　X（5）=am　　　　 = 0.00000E+00（m/s2）
　　X（6）*57.3=γm　 = 0.20000E+02（deg）
　　X（7）*57.3=γt　 =-0.17500E+03（deg）
　　--------------------------------------------------------------------------------
　　ケース1,4,5,6の場合，評価関数に
　　追加する入力の2乗の係数を入力
　　　入力の2乗係数 = 0.10000E+01（-）
　　--------------------------------------------------------------------------------
　　シミュレーション評価時に1G外乱
　　をt=8〜9秒にいれますか
　　No=0, Yes=1 ⇒ = 0

---------------------------------（DATA END）---------------------------------
＜解析結果＞
NXP= 8,  NUP= 1,  DT= 0.50000E-01

---------------------------------------------------------------------------------
 IMONTE=    1000001  Time=      12.850000（sec）
 評価関数 J1＝      1.690231（U2 の 2 乗加算係数 =       1.000000）
 Xd＝    2.197561（m）Yd＝   1.444960E-02（m）
 &&&&&（最適ゲイン探索結果）&&&&&&&&&&&
 1.NDe------> 9
   T , De                  0.0000         0.0000
                           1.7500       -35.1902
                           3.5000       -36.7346
                           5.2500       -25.2515
                           7.0000       -24.5048
                           8.7500         8.5166
                          10.5000        -2.9291
                          12.2500        11.8052
                           4.0000        11.9612
 &&&&&&&&&&&&&&&&&&&&&&&&&&&&&&&&&&&

＜インプットデータ 2 ＞

 KOPT.14. 飛翔体の最適航法 2.Y180318.DAT
---------------------------------------------------------------------------------
  インプットデータ 1 のデータで，下記以外は同じ
   --（ケース番号）= 2
  最適化探索回数 = 2
  入力の 2 乗係数 = 0.00000E+00（-）
---------------------------------（DATA END）---------------------------------

＜インプットデータ 3 ＞

 KOPT.14. 飛翔体の最適航法 3.Y180318.DAT
---------------------------------------------------------------------------------
  インプットデータ 1 のデータで，下記以外は同じ
   --（ケース番号）= 3
  最適化探索回数 = 2
  入力の 2 乗係数 = 0.00000E+00（-）
---------------------------------（DATA END）---------------------------------

A.6　第6章の例題のインプットデータ

=====================================================

## 【例題6.2】2輪車両の車庫入れ（領域制限なし）

=====================================================

＜インプットデータ＞

KOPT.13.2輪車両の車庫入れ問題3.Y180602.DAT

------------------------------------------------------------------------------------------

| 計算時間 Tmax | = 0.18000E+02 (sec) |
|---|---|
| 速度最大値 | = 0.10000E+02 (m/s) |
| 速度最小値 | =-0.10000E+02 (m/s) |
| 角速度最大値 | = 0.20000E+02 (deg/s) |
| 角速度最小値 | =-0.20000E+02 (deg/s) |
| 最適化探索回数 | = 1000000 |

... （初期条件） ...

| X | = 0.10000E+02 (m) |
|---|---|
| Y | = 0.20000E+02 (m) |
| θ | = 0.00000E+00 (deg) |

... （終端条件） ...

| X | = 0.00000E+00 (m) |
|---|---|
| Y | = 0.00000E+00 (m) |
| θ | = 0.00000E+00 (deg) |
| 速度 | = 0.00000E+00 (m) |
| 角速度 | = 0.00000E+00 (deg/s) |

- （評価関数重み） -

| X | = 0.00000E+00 (m) |
|---|---|
| Y | = 0.10000E+01 (m) |
| θ | = 0.10000E-01 (deg) |
| 速度 | = 0.10000E+01 (m) |
| 角速度 | = 0.10000E+01 (deg/s) |
| 時間 | = 0.00000E+00 (sec) |

----- （縦壁） -----

| WX （999はなし） | = 0.99900E+03 (m) |
|---|---|
| WY1 | = 0.30000E+02 (m) |
| WY2 | =-0.10000E+02 (m) |

----- （横壁） -----

| FX1 （999はなし） | = 0.99900E+03 (m) |
|---|---|
| FX2 | = 0.25000E+02 (m) |
| FY | = 0.17500E+03 (m) |

-------------------------------------- （DATA END） --------------------------------------

＜解析結果＞
NXP= 3, NUP= 2, DT= 0.50000E-01
計算時間 Tmax　= 0.18000E+02 (sec)

付録　本書で利用する解析ツール（参考）

```
IMONTE=    1000001     t=      17.300001 (sec)
X =   9.232154E-02 (m)  Y=   6.260406E-01 (m)
θ =      4.593090 (deg) V=   -1.110668 (m/s)
ω =  -1.810206E-01 (deg/s)


IMONTE=    1000001  評価関数 J1=      1.869243
&&&&&（最適ゲイン探索結果）&&&&&&&&&&&
1.NV ------> 6
  T , V              0.0000         0.000000E+00
                     3.6000         6.8370
                     7.2000        -3.5994
                    10.8000        -6.9413
                    14.4000        -1.3311
                    18.0000        -1.0574
2.Nω ------> 6
  T , ω              0.0000         0.000000E+00
                     3.6000        14.6200
                     7.2000        -4.4047
                    10.8000         6.9334
                    14.4000       -17.4992
                    18.0000         3.9992
&&&&&&&&&&&&&&&&&&&&&&&&&&&&&&&&&
```

============================================================

## 【例題6.3】2輪車両の車庫入れ（領域制限あり）

============================================================

＜インプットデータ＞

```
KOPT.13.2輪車両の車庫入れ問題 1.Y180602.DAT
-----------------------------------------------------------
計算時間 Tmax       = 0.22000E+02 (sec)
速度最大値          = 0.10000E+02 (m/s)
速度最小値          =-0.10000E+02 (m/s)
角速度最大値        = 0.20000E+02 (deg/s)
角速度最小値        =-0.20000E+02 (deg/s)
最適化探索回数      = 1000000
...（初期条件）...
X                   = 0.10000E+02 (m)
Y                   = 0.20000E+02 (m)
θ                   = 0.00000E+00 (deg)
...（終端条件）...
```

A.6 第 6 章の例題のインプットデータ

```
X              = 0.00000E+00 (m)
Y              = 0.00000E+00 (m)
θ              = 0.00000E+00 (deg)
速度           = 0.00000E+00 (m)
角速度         = 0.00000E+00 (deg/s)
-（評価関数重み）-
X              = 0.00000E+00 (m)
Y              = 0.10000E+01 (m)
θ              = 0.10000E-01 (deg)
速度           = 0.10000E+01 (m)
角速度         = 0.10000E+01 (deg/s)
時間           = 0.00000E+00 (sec)
----- （縦壁） -----
WX （999 はなし） =-0.50000E+01 (m)
WY1            = 0.30000E+02 (m)
WY2            =-0.10000E+02 (m)
----- （横壁） -----
FX1 （999 はなし） = 0.50000E+01 (m)
FX2            = 0.25000E+02 (m)
FY             = 0.17500E+02 (m)
------------------------------------------- （DATA END） -------------------------------------------
```

＜解析結果＞

NXP= 3, NUP= 2, DT= 0.50000E-01, Tmax= 0.22000E+02 （sec）

¦X¦=0m の時間 Tx = 0.20500E+02 （sec）
X =  -2.902838E-02 (m)    Y=   2.283697E-01 (m)
θ =  -14.463684 (deg)     V=  -2.866206 (m/s)
ω =  -1.680713 (deg/s)
IMONTE=    1000001  評価関数 J1=    13.184066
&&&&&（最適ゲイン探索結果）&&&&&&&&&&
1.NV ------> 6
  T , V              0.0000        0.000000E+00
                     4.4000        -3.5969
                     8.8000         4.2523
                    13.2000         5.7802
                    17.6000        -4.9106
                    22.0000        -1.8087
2.Nω ------> 6
  T , ω              0.0000        0.000000E+00
                     4.4000       -16.4914
                     8.8000        -0.4895
                    13.2000        10.3036

付録　本書で利用する解析ツール（参考）

```
                        17.6000        4.7537
                        22.0000       -5.0089
       &&&&&&&&&&&&&&&&&&&&&&&&&&&&&&&&&&&&
```

================================================================

## 【例題6.4】２輪車両の縦列駐車

================================================================

＜インプットデータ＞

```
KOPT.21.2輪車両の縦列駐車1.Y180602.DAT
----------------------------------------------------------------
計算時間 Tmax    = 0.12000E+02（sec）
速度最大値       = 0.10000E+02（m/s）
速度最小値       =-0.10000E+02（m/s）
角速度最大値     = 0.20000E+02（deg/s）
角速度最小値     =-0.20000E+02（deg/s）
最適化探索回数   = 1000000
   …（初期条件）…
X               = 0.10000E+02（m）
Y               = 0.00000E+00（m）
θ               = 0.90000E+02（deg）
   …（終端条件）…
X               = 0.00000E+00（m）
Y               = 0.00000E+00（m）
θ               = 0.90000E+02（deg）
速度             = 0.00000E+00（m）
角速度           = 0.00000E+00（deg/s）
   -（評価関数重み）-
X               = 0.10000E+01（m）
Y               = 0.10000E+01（m）
θ               = 0.10000E+01（deg）
速度             = 0.10000E+01（m）
角速度           = 0.10000E+01（deg/s）
   ---（左側の壁）---
WX              =-0.30000E+01（m）
WY1             = 0.15000E+02（m）
WY2             =-0.10000E+02（m）
   ---（前方の車）---
FX              = 0.32000E+01（m）
FY1             = 0.15000E+02（m）
FY2             = 0.50000E+01（m）
```

## A.6 第6章の例題のインプットデータ

```
---（前方制限）---
YZENPO       = 0.90000E+02 (m)
---（後方制限）---
YKOHO        =-0.90000E+02 (m)
---（後方の車）---
AX           = 0.32000E+01 (m)
AY1          =-0.50000E+01 (m)
AY2          =-0.10000E+02 (m)
---（自車の幅）---
HABA         = 0.15000E+01 (m)
-------------------------------------------- (DATA END) --------------------------------------------
```

＜解析結果＞
NXP= 3, NUP= 2, DT= 0.50000E-01, Tmax= 0.12000E+02 (sec)

---

¦X¦=0m の時間 Tx = 0.11500E+02 (sec)
X =   -2.293162E-01 (m)    Y=  -2.543613E-01 (m)
θ =     91.430061 (deg)    V=      1.551509 (m/s)
ω =      8.462281 (deg/s)
IMONTE=    1000001  評価関数 J1=     76.179749
&&&&&（最適ゲイン探索結果）&&&&&&&&&&&
1.NV ------> 6
  T , V                 0.0000        0.000000E+00
                        2.4000           5.3511
                        4.8000          -4.9428
                        7.2000          -4.1317
                        9.6000           1.0844
                       12.0000           1.6744
2.N ω ------> 6
  T , ω                 0.0000        0.000000E+00
                        2.4000          -9.8191
                        4.8000         -16.3786
                        7.2000          16.8369
                        9.6000           7.3755
                       12.0000           8.7483
&&&&&&&&&&&&&&&&&&&&&&&&&&&&&&&&&&&&

====================================================================
## 【例題 6.5】走行クレーンの指定位置での振れ止め静止
====================================================================

＜インプットデータ1＞

## 付録 本書で利用する解析ツール（参考）

KOPT.23. クレーン振れ止め問題 1.Y180617.DAT
----------------------------------------------------------------------

| | |
|---|---|
| 計算時間 tmax | = 0.40000E+01 (sec) |
| 最適化探索回数 | = 1000000 |

-- （振り子 , 台車） -

| | |
|---|---|
| M | = 0.10000E+01 (kg) |
| m | = 0.10000E+01 (kg) |
| L | = 0.10000E+01 (m) |

- （ステップ応答 ?）

No=0.0, Yes=1.0= 0.00000E+00 (-)

---------------------------------------------- （前半部） ----------------------------------------------

| | |
|---|---|
| 8 個データ分割 Ts1 | = 0.30000E+01 (sec) |
| 操舵最大値 1 | = 0.20000E+02 (N) |
| 操舵最小値 1 | =-0.20000E+02 (N) |

--- （初期条件 1） --

| | |
|---|---|
| $\theta$ | = 0.18000E+03 (deg) |
| U | = 0.50000E+01 (m) |

--- （終端条件 1） --

| | |
|---|---|
| $\theta$ | = 0.18000E+03 (deg) |
| $\theta$ dot | = 0.00000E+00 (deg/s) |
| 移動量 Z1 | = 0.30000E+01 (m) |
| 等速移動量 Zv | = 0.20000E+01 (m) |

- （評価関数重み 1）

| | |
|---|---|
| $\theta$ | = 0.10000E+01 (deg) |
| $\theta$ dot | = 0.10000E+01 (deg/s) |
| Zdot | = 0.00000E+00 (m/s) |

-- （ここで終了 ?） -

No=0.0, Yes=1.0= 0.00000E+00 (-)

---------------------------------------------- （後半部） ----------------------------------------------

| | |
|---|---|
| 8 個データ分割 Ts2 | = 0.30000E+01 (sec) |
| 操舵最大値 2 | = 0.20000E+02 (N) |
| 操舵最小値 2 | =-0.20000E+02 (N) |

--- （初期条件 2） --

| | |
|---|---|
| U | =-0.20000E+01 (m) |

--- （終端条件 2） --

| | |
|---|---|
| $\theta$ | = 0.18000E+03 (deg) |
| $\theta$ dot | = 0.00000E+00 (deg/s) |
| 終端位置 Z2 | = 0.80000E+01 (m) |
| Zdot | = 0.00000E+00 (m/s) |

- （評価関数重み 2）

| | |
|---|---|
| $\theta$ | = 0.10000E+03 (deg) |
| $\theta$ dot | = 0.10000E+01 (deg/s) |

A.6 第 6 章の例題のインプットデータ

```
Zdot                    = 0.10000E+01 (m/s)
```
---------------------------------------- (DATA END) ----------------------------------------
＜解析結果＞
NXP= 4  DT= 0.10000E-01  Tmax= 0.40000E+01 (sec)
--------------------------------------------------------------------------------------------

M=     1.000000,  m=     1.000000,  L=     1.000000
I=     1.333333
8 個のデータを分割する時間 =     3.000000 (sec)
　　　　　　　　移動量 Z1=     3.000000 (m)
　　　移動量 Z1 の時間 Tx=     1.550000 (sec)
　　　θ =    180.097824 (deg),  θdot=  -5.199590E-02 (deg/s)
　移動量 Z1=     3.007107 (m),  Zdot=     3.643428 (m/s)


　　　　　　等速移動量 Zv=     2.000000 (m)
　　　　(Z1+Zv=) Z1v=     5.000000 (m)
　(Z1+Zv=) Z1v の時間 Tx1=     2.100000 (sec)
　　　θ =    180.062149 (deg),  θdot=  -5.327916E-01 (deg/s)
移動量 Z1V=     5.014859 (m),  Zdot=     3.646230 (m/s)
IMONTE=     1000001, 評価関数 J1=    1.227313E-02
&&&&&（最適ゲイン探索結果）&&&&&&&&&&&
1.N ------> 9
 T , U                 0.0000        5.0000
                       0.3750       11.0457
                       0.7500       -7.9089
                       1.1250       13.3764
                       1.5000        0.3624
                       1.8750       15.5924
                       2.2500        8.6252
                       2.6250      -14.8253
                       3.0000       20.0733
               (T= 1.5500 〜 2.1000 U=0)
&&&&&&&&&&&&&&&&&&&&&&&&&&&&&&&&&

8 個のデータを分割する時間 =     3.000000 (sec)
　　終端位置 Z2 の時間 Tf =     3.560000 (sec)
　　　θ =    179.981018 (deg),  θdot=  -9.176216E-01 (deg/s)
移動量 Z2=     8.001325 (m),  Zdot=     9.093404E-02 (m/s)
IMONTE=     1000001  評価関数 J1=     1.704961
&&&&&（最適ゲイン探索結果）&&&&&&&&&&&
1.N ------> 9
 T , U                 2.1000       -2.0000
                       2.4750      -10.2623

|  |  |
|---|---|
| 2.8500 | 3.2040 |
| 3.2250 | -5.8980 |
| 3.6000 | -12.6612 |
| 3.9750 | -0.6088 |
| 4.3500 | -21.3612 |
| 4.7250 | 15.6240 |
| 5.1000 | 6.4377 |

(T= 3.5600 ～ U=0)
&&&&&&&&&&&&&&&&&&&&&&&&&&&&&&&&&&

<インプットデータ2>

KOPT.23. クレーン振れ止め問題 2.Y180617.DAT

------------------------------------------------------------------------

インプットデータ1のデータで，下記以外は同じ
-- (ここで終了?) -
No=0.0, Yes=1.0= 0.10000E+01 (-)
------------------------------------ (DATA END) ------------------------------------


<インプットデータ3>

KOPT.23. クレーン振れ止め問題 3.Y180617.DAT

------------------------------------------------------------------------

インプットデータ1のデータで，下記以外は同じ
- (ステップ応答?)
No=0.0, Yes=1.0= 0.10000E+01 (-)
-- (ここで終了?) -
No=0.0, Yes=1.0= 0.10000E+01 (-)
------------------------------------ (DATA END) ------------------------------------

## A.7　第 7 章の例題のインプットデータ

==================================================================

### 【例題 7.1】 20 秒後，指定高度にて水平速度を最大化

==================================================================

<インプットデータ>

KOPT.27. 水平速度最大制御 1.Y180723.DAT

------------------------------------------------------------------------

計算時間 Tmax　　　= 0.20000E+02 (sec)

```
最適化探索回数      = 1000000
探索範囲 max 値     = 0.10000E+03 (-)
探索範囲 min 値     =-0.10000E+03 (-)
制御入力±制限       = 0.90000E+02 (-)
加速度 ACC         = 0.19600E+02 (m/s2)
(X4-X4TF) の閾値   = 0.10000E+01 (-)
...(初期条件)...
β0=BETAINI        = 0.00000E+00 (deg)
...(終端条件)...
h(tf)=HTF         = 0.50000E+03 (m)
..(理論解計算)..
理論計算⇒1入力     = 0.00000E+00 (-)
```

---

```
<解析結果>
NXP= 4, NUP= 1, DT= 0.10000E-02 Tmax= 0.20000E+02 (sec)
IMONTE=    1000001  評価関数 J1=  5.681552E-01
tf=        20.000000  評価関数 J2=   -370.670013
X1 (m)    =     3660.503906   X2(m)  =      499.771515
X3 (m/s)  =      370.670013   X4(m/S) =   7.182964E-01
U1 (deg)  =      -12.301257
文献 U1 (deg) =   0.000000E+00
&&&&&  (最適ゲイン探索結果) &&&&&&
& ( 1)  0.3406E+02                &
& ( 2)  0.2292E+02                &
& ( 3)  0.1313E+02                &
& ( 4) -0.3557E+02                &
& ( 5)  0.1188E+01                &
& ( 6) -0.3054E+02                &
& ( 7)  0.2166E+01                &
& ( 8) -0.1231E+02                &
&&&&&&&&&&&&&&&&&&&&&&&&&&&&
```

===============================================================

## 【例題 7.2】2 慣性共振系の時間指定の振動抑制 (1)

===============================================================

<インプットデータ 1>

KOPT.18.2 慣性共振系振動抑制 1.Y180520.DAT

```
計算時間 Tmax     = 0.10000E+02 (sec)
指定時間 Tset     = 0.60000E+01 (sec)
最適化探索回数     = 1000000
```

付録　本書で利用する解析ツール（参考）

```
探索範囲 max 値  = 0.10000E+01 (-)
探索範囲 min 値  =-0.10000E+01 (-)
質量 M1         = 0.10000E+01 (kg)
質量 M2         = 0.10000E+01 (kg)
ばね定数 k       = 0.10000E+01 (N/m)
--- (初期条件) ---
X (1)          = 0.10000E+01 (-)
X (2)          = 0.20000E+01 (-)
制御なし (u=0) を計算しますか？
No=0, Yes=1 ⇒ = 0
```
---------------------------------------------- (DATA END) --------------------------------------------

<解析結果>
NXP= 4, NUP= 1, DT= 0.10000E-01  Tmax= 0.10000E+02 (sec)
質量 M1= 0.10000E+01 (kg), 質量 M2= 0.10000E+01 (kg)
ばね定数 k= 0.10000E+01 (N/m)
指定時間 Tset= 0.60000E+01 (sec), 評価時間 Tx= 0.60000E+01 (sec)
X1=-0.18504E-02 (m), X2= 0.29753E-02 (m)
X3=-0.47495E-02 (m), X4= 0.28819E-02 (m)
IMONTE=   1000001 評価関数 J1=   4.313855E-05
&&&&&（最適ゲイン探索結果）&&&&&&&&&&&
1.N -----> 9
　T , U               0.0000         0.0000
                     0.7500        -0.8348
                     1.5000        -0.6898
                     2.2500         0.1807v
                     3.0000         0.2713
                     3.7500         0.9453
                     4.5000        -0.1495
                     5.2500         0.0515
                     6.0000         0.4458
                    (T= 6.0000 〜 U=0)
&&&&&&&&&&&&&&&&&&&&&&&&&&&&&&&&&&&

<インプットデータ2>

KOPT.18.2 慣性共振系振動抑制 2.Y180520.DAT
---------------------------------------------------------------------------------------

インプットデータ1のデータで，下記以外は同じ
　最適化探索回数 = 1
　No=0, Yes=1 ⇒ = 1

---------------------------------------------- (DATA END) --------------------------------------------

## A.7 第7章の例題のインプットデータ

<インプットデータ3>

KOPT.18.2 慣性共振系振動抑制3.Y180520.DAT

------------------------------------------------------------------------

インプットデータ1のデータで，下記以外は同じ
ばね定数 k = 0.50000E+00 (N/m)

---------------------------------------- (DATA END) ----------------------------------------

<インプットデータ4>

KOPT.18.2 慣性共振系振動抑制4.Y180520.DAT

------------------------------------------------------------------------

インプットデータ1のデータで，下記以外は同じ
最適化探索回数 = 1
ばね定数 k = 0.50000E+00 (N/m)
No=0, Yes=1 ⇒ = 1

---------------------------------------- (DATA END) ----------------------------------------

<インプットデータ5>

EIGE.2MASS-SPRING2-4.Y180520.DAT　（2質量ばね振動系）
NXP　　　　= 4
tmax (s)　=　　10.000
1.NU1------> 4
　T , U1　　　　　　　　0.0000　　　　0.0000
　　　　　　　　　　　　0.7500　　　-0.7816
　　　　　　　　　　　　1.5000　　　-0.9794
　　　　　　　　　　　　3.0000　　　 0.0000

（途中省略）

\*\*\*\*\*\*10\*\*\*\*\*\*20\*\*\*\*\*30\*\*\*\*40\*\*\*\*\*50\*\*\*\*\*60\*\*\*\*\*70\*\*\*\*\*
<積分数, IRIG, TDEBUG 時間, 補間関数> 5 0　0.0 0

| | <Control System Data> | Hi | \*---GAIN---- | NCAL | \*NO1 | \*NO2 | \*NO3 | \*NGO | \*LNO |
|---|---|---|---|---|---|---|---|---|---|
| 1 | //AP,B2 行列データ設定 | | | | | | | | |
| 2 | H1=G; (m1) | H 0 | 0.1000E+01 | 11 | 1 | 0 | 0 | 0 | 0 |
| 3 | H2=G; (m2) | H 0 | 0.1000E+01 | 11 | 2 | 0 | 0 | 0 | 0 |
| 4 | H3=G; (k1) | H 0 | 0.1000E+01 | 11 | 3 | 0 | 0 | 0 | 0 |
| 5 | H5=G; (c) | H 0 | 0.0000E+00 | 11 | 5 | 0 | 0 | 0 | 0 |
| 6 | H8=H3/H1; (K1/m1) | H 0 | | 24 | 8 | 3 | 1 | 0 | 0 |
| 7 | H18=H8\*G; (-K1/m1) | H 0 | -0.1000E+01 | 17 | 18 | 8 | 0 | 0 | 0 |
| 8 | H9=H3/H2; (K1/m2) | H 0 | | 24 | 9 | 3 | 2 | 0 | 0 |
| 9 | H19=H9\*G; (-K1/m2) | H 0 | -0.1000E+01 | 17 | 19 | 9 | 0 | 0 | 0 |
| 10 | H14=H5/H1; (c/m1) | H 0 | | 24 | 14 | 5 | 1 | 0 | 0 |
| 11 | H24=H14\*G; (-c/m1) | H 0 | -0.1000E+01 | 17 | 24 | 14 | 0 | 0 | 0 |
| 12 | H11=G; | H 0 | 0.1000E+01 | 11 | 11 | 0 | 0 | 0 | 0 |
| 13 | AP (I1,J3) H11; | H 0 | | 621 | 1 | 3 | 11 | 0 | 0 |

付録　本書で利用する解析ツール（参考）

| | | | | | | | | | |
|---|---|---|---|---|---|---|---|---|---|
| 14 | AP （I2,J4） H11; | H 0 | | 621 | 2 | 4 | 11 | 0 | 0 |
| 15 | AP （I3,J1） H18; | H 0 | | 621 | 3 | 1 | 18 | 0 | 0 |
| 16 | AP （I3,J2） H8; | H 0 | | 621 | 3 | 2 | 8 | 0 | 0 |
| 17 | AP （I3,J3） H24; | H 0 | | 621 | 3 | 3 | 24 | 0 | 0 |
| 18 | AP （I4,J1） H9; | H 0 | | 621 | 4 | 1 | 9 | 0 | 0 |
| 19 | AP （I4,J2） H19; | H 0 | | 621 | 4 | 2 | 19 | 0 | 0 |
| 20 | //（コントロール入力）=(Z1,Z3,Z5) | | | | | | | | |
| 21 | H12=H11/H1;（1/m1） | H 0 | | 24 | 12 | 11 | 1 | 0 | 0 |
| 22 | B2 （I3,J1） H12; | H 0 | | 623 | 3 | 1 | 12 | 0 | 0 |
| 23 | // | | | | | | | | |
| 24 | {Print(AP,B2,CP)}I4,J1,K1; | H 0 | | 671 | 4 | 1 | 1 | 0 | 0 |
| 25 | //（コントロール Z1 に強制力インプット） | | | | | | | | |
| 26 | Z1=U1*G; | H 0 | 0.1000E+01 | 52 | 1 | 1 | 0 | 0 | 0 |
| | （以下省略） | | | | | | | | |

---------------------------------------------- (DATA END) ----------------------------------------------

＜インプットデータ 6＞

　EIGE.2MASS-SPRING2-5.Y180520.DAT　（2 質量ばね振動系）
　インプットデータ 5 のデータで，下記以外は同じ
　1.NU1------> 7
　　T , U1　　　　　　　　　0.0000　　　　0.0000
　　　　　　　　　　　　　　0.7500　　　-0.7816
　　　　　　　　　　　　　　1.5000　　　-0.9794
　　　　　　　　　　　　　　3.0000　　　　0.0000
　　　　　　　　　　　　　　3.7500　　　　0.7816
　　　　　　　　　　　　　　4.5000　　　　0.9794
　　　　　　　　　　　　　　6.0000　　　　0.0000

---------------------------------------------- (DATA END) ----------------------------------------------


===========================================================================
【例題 7.3】2 慣性共振系の時間指定の振動抑制（2）
===========================================================================

＜インプットデータ 1＞

　KOPT.18.A-2M.2 慣性共振系 A1.Y180715.DAT

-----------------------------------------------------------------------------------------------

　計算時間 Tmax　　　= 0.10000E+02 (sec)
　指定時間 Tset　　　= 0.60000E+01 (sec)
　最適化探索回数　　= 1000000
　探索範囲 max 値　 = 0.70000E+01 (-)
　探索範囲 min 値　 =-0.70000E+01 (-)

## A.7 第7章の例題のインプットデータ

```
質量 M1          = 0.10000E+01 (kg)
質量 M2          = 0.10000E+01 (kg)
ばね定数 k1      = 0.10000E+01 (N/m)
ばね定数 k2      = 0.20000E+01 (N/m)
---（初期条件）---
X（1）           = 0.10000E+01 (-)
X（2）           = 0.20000E+01 (-)
制御なし（u=0）を計算しますか？
No=0, Yes=1 ⇒ = 0
```

---

```
＜解析結果＞
NXP= 4, NUP= 1, DT= 0.10000E-01
指定時間 Tset= 0.60000E+01 (sec), 評価時間 Tx= 0.60000E+01 (sec)
X1=-0.45312E-02 (m), X2= 0.21239E-01 (m)
X3= 0.11998E+00 (m), X4= 0.18054E+00 (m)
IMONTE=    1000001    評価関数 J1=    4.746005E-02
&&&&&（最適ゲイン探索結果）&&&&&&&&&&&
1.N ------> 9
 T , U                 0.0000        0.0000
                       0.7500       -5.6452
                       1.5000       -4.2791
                       2.2500        6.4604
                       3.0000       -2.7592
                       3.7500       -1.2832
                       4.5000       -2.8691
                       5.2500       -1.0629
                       6.0000       -6.1298
                      （T= 6.0000 ～ U=0）
&&&&&&&&&&&&&&&&&&&&&&&&&&&&&&&&&&&
```

＜インプットデータ2＞

KOPT.18.A-2M.2 慣性共振系 A2.Y180715.DAT

---

```
インプットデータ1のデータで，下記以外は同じ
   最適化探索回数 = 1
   No=0, Yes=1 ⇒ = 1
```

---

付録　本書で利用する解析ツール（参考）

======================================================
## 【例題 7.4】単振り子の時間指定の振り上げ
======================================================

＜インプットデータ１＞

KOPT.19. 単振り子の振り上げ 1.Y180527.DAT
--------------------------------------------------------------------

```
計算時間 Tmax    = 0.60000E+01 (sec)
指定時間 Tset    = 0.60000E+01 (sec)
最適化探索回数   = 1000000
探索範囲 max 値  = 0.10000E+02 (-)
探索範囲 min 値  =-0.10000E+02 (-)
質量 M          = 0.10000E+01 (kg)
長さ L          = 0.10000E+01 (kg)
 ---（初期条件）---
 θ              = 0.18000E+03 (deg)
 θ dot          = 0.00000E+00 (deg/s)
```
------------------------------------ （DATA END） ------------------------------------

＜解析結果＞

NXP= 2, NUP= 1, DT= 0.10000E-01 Tmax= 0.60000E+01 (sec)
質量 M= 0.10000E+01 (kg)，長さ L= 0.10000E+01 (m)
指定時間 Tset= 0.60000E+01 (sec)，評価時間 Tx= 0.60000E+01 (sec)
θ =  3.699397E-01 (deg)，θ dot=   -1.186886 (deg/s)
IMONTE=    1000001 評価関数 J1=      1.545555
&&&&&（最適ゲイン探索結果）&&&&&&&&&&&
1.N ------> 9

```
 T , U              0.0000      0.0000
                    0.7500     -0.3614
                    1.5000     -5.0562
                    2.2500      1.3530
                    3.0000      4.1699
                    3.7500      6.6687
                    4.5000     -7.8360
                    5.2500     -6.1622
                    6.0000      4.5884
                   (T= 6.0000 ～ U=0)
```
&&&&&&&&&&&&&&&&&&&&&&&&&&&&&&&&&

＜インプットデータ２＞

KOPT.19. 単振り子の振り上げ 2.Y180527.DAT
--------------------------------------------------------------------

A.7 第 7 章の例題のインプットデータ

　　インプットデータ 1 のデータで，下記以外は同じ
　　　計算時間 Tmax = 0.40000E+01（sec）
　　　指定時間 Tset = 0.40000E+01（sec）
　------------------------------------（DATA END）------------------------------------

＜インプットデータ 3 ＞
　　KOPT.19. 単振り子の振り上げ 3.Y180527.DAT
　------------------------------------------------------------------------------------
　　インプットデータ 1 のデータで，下記以外は同じ
　　　計算時間 Tmax = 0.30000E+01（sec）
　　　指定時間 Tset = 0.30000E+01（sec）
　------------------------------------（DATA END）------------------------------------

＜インプットデータ 4 ＞
　　KOPT.19. 単振り子の振り上げ 4.Y180527.DAT
　------------------------------------------------------------------------------------
　　インプットデータ 1 のデータで，下記以外は同じ
　　　計算時間 Tmax = 0.20000E+01（sec）
　　　指定時間 Tset = 0.20000E+01（sec）
　------------------------------------（DATA END）------------------------------------

==========================================================================
## 【例題 7.5】倒立振子の時間指定の振り上げ
==========================================================================

＜インプットデータ 1 ＞
　　KOPT.20. 倒立振子の振り上げ 1.Y180528.DAT
　------------------------------------------------------------------------------------
　　計算時間 Tmax　　　= 0.60000E+01（sec）
　　指定時間 Tset　　　= 0.60000E+01（sec）
　　最適化探索回数　　= 1000000
　　探索範囲 max 値　　= 0.20000E+02（-）
　　探索範囲 min 値　　=-0.20000E+02（-）
　　質量 M　　　　　　= 0.10000E+01（kg）
　　質量 m　　　　　　= 0.10000E+01（kg）
　　長さ L　　　　　　= 0.10000E+01（m）
　　---（初期条件）---
　　$\theta$　　　　　　= 0.18000E+03（deg）
　　$\theta$ dot　　　　= 0.00000E+00（deg/s）
　　Z　　　　　　　　= 0.00000E+00（m）

Zdot　　　　　　　= 0.00000E+00 （m/s）
0〜1秒にU1=10で計算しますか？
No=0, Yes=1 ⇒ = 0
-------------------------------------------- （DATA END） --------------------------------------------
<解析結果>
NXP= 4, DT= 0.10000E-01, Tmax= 0.60000E+01 （sec）
質量 M= 0.10000E+01 （kg）,　質量 m= 0.10000E+01 （kg）
長さ L= 0.10000E+01 （m）,　I= 0.13333E+01 （kg・m2）
指定時間 Tset= 0.60000E+01 （sec）, 評価時間 Tx= 0.60000E+01 （sec）
$\theta$ = 　3.772473E-01 （deg）, 　$\theta$ dot= 　9.435593E-01 （deg/s）
Z = 　　113.738411 （m）, 　　Zdot= 　　-34.514103 （m/s）
IMONTE= 　　1000001 　評価関数 J1= 　　1.032620
&&&&&（最適ゲイン探索結果）&&&&&&&&&&&
1.N ------> 9
　T , U 　　　　　　　　0.0000 　　　　0.0000
　　　　　　　　　　　　0.7500 　　　　16.8813
　　　　　　　　　　　　1.5000 　　　　-11.1395
　　　　　　　　　　　　2.2500 　　　　-2.4214
　　　　　　　　　　　　3.0000 　　　　6.3910
　　　　　　　　　　　　3.7500 　　　　-10.0767
　　　　　　　　　　　　4.5000 　　　　8.1167
　　　　　　　　　　　　5.2500 　　　　-7.0526
　　　　　　　　　　　　6.0000 　　　　-19.7636
　　　　　　　　　　（T= 6.0000 〜 U=0）
&&&&&&&&&&&&&&&&&&&&&&&&&&&&&&&&&

<インプットデータ2>

　KOPT.20. 倒立振子の振り上げ2.Y180528.DAT
-----------------------------------------------------------------------------------------------------
　インプットデータ1のデータで，下記以外は同じ
　　計算時間 Tmax = 0.30000E+01 （sec）
　　指定時間 Tset = 0.30000E+01 （sec）
-------------------------------------------- （DATA END） --------------------------------------------

<インプットデータ3>

　KOPT.20. 倒立振子の振り上げ3.Y180528.DAT
-----------------------------------------------------------------------------------------------------
　インプットデータ1のデータで，下記以外は同じ
　　計算時間 Tmax = 0.30000E+01 （sec）
　　最適化探索回数 = 1
　　No=0, Yes=1 ⇒ = 1

-------------------------------------------- (DATA END) --------------------------------------------

==================================================================
## 【例題 7.6】位置と時間を指定した旅客機の飛行運動
==================================================================

<インプットデータ 1 >

 CDES.K10. シミュレーション最適化 1.Y180813.DAT
 計算時間 Tmax  = 0.10000E+03 (sec)
 最適化探索回数  = 550000
 探索範囲 max 値 = 0.50000E+01 (-)
 探索範囲 min 値 =-0.10000E+02 (-)
 ピッチ角限界値  =-0.10000E+02 (-)
 ... (初期条件) ...
 XFTINI     = 0.00000E+00 (ft)
 hFTINI     = 0.00000E+00 (ft)
 ... (終端条件) ...
 XFTTF     = 0.30000E+05 (ft)
 hFTTF     =-0.10000E+04 (ft)
 ... (評価関数) ...
 時間指定 TIMETF = 0.90000E+02 (sec)
-------------------------------------------- (DATA END) --------------------------------------------

<解析結果>
 NXP= 7, NUP= 1, DT= 0.1000E-01, V= 0.8678E+02
 IMONTE=  550001
 評価関数 J1,J2 (ケース 4) =   1.805670   1.259995
 (X=30,000ft の h,Time=  -1000.105957 (ft)   91.259995 (sec))
 &&&&& ( 最適ゲイン探索結果 ) &&&&&&&&&&&
 1.NDe------> 9
  T , De        0.0000    0.0000
            12.5000   -8.9552
            25.0000   -8.9932
            37.5000   -7.3147
            50.0000   -2.3811
            62.5000   -5.0766
            75.0000    0.0141
            87.5000    5.9272
           100.0000   -2.7840
 &&&&&&&&&&&&&&&&&&&&&&&&&&&&&&&&&&&&

<インプットデータ 2 >

付録　本書で利用する解析ツール（参考）

　　CDES.K10.シミュレーション最適化2.Y180813.DAT

　　------------------------------------------------------------------------
　　インプットデータ1のデータで，下記以外は同じ
　　　時間指定 TIMETF= 0.11000E+03
　　---------------------------------- （DATA END） ----------------------------------

＜インプットデータ3＞

　　CDES.K10.シミュレーション最適化3.Y180813.DAT

　　------------------------------------------------------------------------
　　インプットデータ1のデータで，下記以外は同じ
　　　時間指定 TIMETF= 0.95000E+02
　　---------------------------------- （DATA END） ----------------------------------


================================================================
【例題 7.7】位置と時間を指定したドローンの飛行運動
================================================================

＜インプットデータ1＞

　　AIRCRAFT.DRN.PRH6-1.Y181001.DAT　　（Wto=1.2kgf, S=0.18m2,PRH 制御）

　　------------------------------------------------------------------------
　　ドローンプロペラ距離 = 0.30000E+00 (m)
　　ドローントルク / 推力比 = 0.10000E+00 (-)
　　N α 1　　　10
　　α 1　　　　0.0000E+00　0.1000E+02　0.2000E+02　0.3000E+02　0.4000E+02
　　　　　　　　0.5000E+02　0.6000E+02　0.7000E+02　0.8000E+02　0.9000E+02
　　CL　　　　 0.0000E+00　0.0000E+00　0.0000E+00　0.0000E+00　0.0000E+00
　　　　　　　　0.0000E+00　0.0000E+00　0.0000E+00　0.0000E+00　0.0000E+00
　　CD　　　　 0.5000E+00　0.5000E+00　0.5000E+00　0.5000E+00　0.5000E+00
　　　　　　　　0.5000E+00　0.5000E+00　0.5000E+00　0.5000E+00　0.5000E+00
　　（以下省略）

＜インプットデータ2＞

　　AIRCRAFT.DRN.PRH6-2.Y181001.DAT　　（Wto=1.2kgf, S=0.18m2,PRH 制御）
　　（以下省略）

＜インプットデータ3＞

　　AIRCRAFT.DRN.PRH6-3.Y181002.DAT　　（Wto=1.2kgf, S=0.18m2,PRH 制御）
　　（以下省略）

A.7 第7章の例題のインプットデータ

<インプットデータ4>

```
HAYA.6DF.DRN.PRH6-1.Y181002.DAT
計算きざみ DT      = 0.10000E-01 (sec)
計算時間 Tmax      = 0.12000E+02 (sec)
操舵分割時間 Tst    = 0.10000E+02 (sec)
δe 操舵開始時間    = 0.20000E+01 (sec)
δa 操舵開始時間    = 0.10000E+02 (sec)
最適化探索回数     =     55000
探索範囲 max1 値   = 0.50000E+01 (-)
探索範囲 min1 値   =-0.50000E+01 (-)
探索範囲 max2 値   = 0.50000E+01 (-)
探索範囲 min2 値   =-0.50000E+01 (-)
... (終端条件) ...
X                 = 0.30000E+02 (ft)
Y                 = 0.00000E+00 (ft)
h                 = 0.30000E+02 (ft)
γ                 = 0.00000E+00 (deg)
Ψ                 = 0.00000E+00 (deg)
φ                 = 0.00000E+00 (deg)
TIME              = 0.10000E+02 (sec)
.(評価関数重み).
W(X-Xf)^2         = 0.10000E+01 (-)
W(Y-Yf)^2         = 0.10000E+01 (-)
W(h-hf)^2         = 0.10000E+01 (-)
W(γ-γf)^2         = 0.00000E+00 (-)
W(Ψ-Ψf)^2         = 0.00000E+00 (-)
W(φ-φf)^2         = 0.00000E+00 (-)
W(t-tf)^2         = 0.00000E+00 (-)
W(入力)^2          = 0.00000E+00 (-)
W(V)^2            = 0.10000E+01 (-)
W(Vdot)^2         = 0.10000E+01 (-)
```

---

<インプットデータ5>

```
HAYA.6DF.DRN.PRH6-2.Y181002.DAT
計算きざみ DT      = 0.10000E-01 (sec)
計算時間 Tmax      = 0.12000E+02 (sec)
操舵分割時間 Tst    = 0.10000E+02 (sec)
δe 操舵開始時間    = 0.00000E+00 (sec)
δa 操舵開始時間    = 0.00000E+00 (sec)
最適化探索回数     =    100000
```

付録　本書で利用する解析ツール（参考）

```
探索範囲 max1 値 = 0.50000E+01 (-)
探索範囲 min1 値 =-0.50000E+01 (-)
探索範囲 max2 値 = 0.50000E+01 (-)
探索範囲 min2 値 =-0.50000E+01 (-)
...(終端条件)...
X              = 0.30000E+02 (ft)
Y              = 0.30000E+02 (ft)
h              = 0.30000E+02 (ft)
γ              = 0.00000E+00 (deg)
Ψ              = 0.00000E+00 (deg)
φ              = 0.00000E+00 (deg)
TIME           = 0.10000E+02 (sec)
.(評価関数重み).
W(X-Xf)^2      = 0.10000E+01 (-)
W(Y-Yf)^2      = 0.10000E+01 (-)
W(h-hf)^2      = 0.10000E+01 (-)
W(γ-γf)^2      = 0.00000E+00 (-)
W(Ψ-Ψf)^2      = 0.00000E+00 (-)
W(φ-φf)^2      = 0.00000E+00 (-)
W(t-tf)^2      = 0.00000E+00 (-)
W(入力)^2      = 0.00000E+00 (-)
W(V)^2         = 0.10000E+01 (-)
W(Vdot)^2      = 0.10000E+01 (-)
```
--------------------------------------------------------------------------------

# 参考文献

1) 杉山昌平『最適問題』共立出版，1967
2) 長谷川節『変分学の応用』森北出版，1969
3) 坂和愛幸『最適システム制御論』コロナ社，1972
4) L. C. W. ディクソン（松原正一訳）『非線形最適化計算法』培風館，1974
5) Bryson, Jr.Arthur, E. and Ho, Yu-Chi: Applied Optimal Control, John Wiley & Sons, 1975.
6) 岩橋良輔『最適制御理論入門』サイエンス社，1975
7) 福原満州雄・山中 健『変分学入門』朝倉書店，2004 復刊
8) 福原満洲雄・山中 健『変分学入門』朝倉書店，1978
9) 森下 巌「走行クレーン運転自動化のための振れどめ制御」『測自動制御学会論文集』第 14 巻第 6 号，1978.12
10) 嘉納秀明『システムの最適理論と最適化』コロナ社，1987
11) 加藤寛一郎『工学的最適制御 非線形へのアプローチ』東京大学出版会，1988
12) 八巻直一・宮田雅智・本郷 茂・高橋 悟・矢部 博・内田智史『パソコン FORTRAN 版非線形最適化プログラミング』日刊工業新聞社，1991
13) 茨木俊秀・福島雅夫『FORTRAN77 最適化プログラミング』岩波書店，1991
14) 結城和明・村上俊之・大西公平「共振比制御による 2 慣性共振系の振動抑制制御」『電気学会論文誌 D』第 113 巻第 10 号，1993
15) 大久保欣明・星名博光・村田五雄・門前唯明・豊原 尚「コンテナ吊り荷の振れ止め制御技術の開発」『三菱重工技報』第 31 巻第 5 号，1994.9
16) 三平満司「車両制御と非線形制御理論—ノンホロミックシステムの制御」『電気学会論文誌 D』第 114 巻第 10 号，1994
17) 志水清孝『最適制御の理論と計算法』コロナ社，1994
18) 島 公脩・石動善久・山下 裕・渡邉昭義・河村 武・横道政裕『非線形システム制御論』コロナ社，1997
19) 川面恵司・横山正明・長谷川浩志『最適化理論の基礎と応用— GA および MDO を中心として』コロナ社，2000
20) 平井一正『非線形制御』コロナ社，2003

## 参考文献

21) 小林友明・真島澄子「非線形 Receeding-Horizon 制御手法による四輪車両の車庫入れ制御」『日本機械学会論文集（c 編）』第 70 巻第 695 号，2004
22) 矢部　博『工学基礎　最適化とその応用』数理工学社，2006
23) 大塚敏之『非線形最適制御入門』コロナ社，2011
24) 片柳亮二『KMAP による工学解析入門』産業図書，2011
25) 延山英沢・瀬部　昇『システム制御のための最適化理論』コロナ社，2015
26) 岩下平輔・中邨　勉・猪飼聡史・高山賢一「NC 工作機械の送り軸のための 2 慣性系モデルによる低周波振動抑制制御の研究」『精密工学会誌』第 82 巻第 8 号，2016
27) 川田昌克編著他『倒立振子で学ぶ制御工学』森北出版，2017
28) 阪口宰・増淵泉「リアプノフ密度による非線形システムの指数収束性を有するフィードバック制御」第 5 回計測自動制御学会制御部門マルチシンポジウム，2018.3
29) 中川紗央里・山崎武志・高野博行・山口　功「目視線角速度情報のみを用いた外乱補償型誘導と最適誘導法との比較」第 5 回計測自動制御学会制御部門マルチシンポジウム，2018.3
30) 川田昌克・青木紘海「LEGO MINDSTORMS を利用した教育用倒立振子の開発」第 5 回計測自動制御学会制御部門マルチシンポジウム，2018.3
31) 中川弘喜・藤本健治・丸田一郎「パラメータ変動の 2 階の変分を考慮したロバスト軌道設計に関する研究」第 62 回システム制御情報学会研究発表講演会，2018.5
32) 大津智宏・丸田一郎・藤本健治「確率的勾配降下法を用いた Hamilton-Jacobi-Bellman 方程式の数値解に基づく非線形制御」第 62 回システム制御情報学会研究発表講演会，2018.5
33) 三好孝典『よくわかる機械の制振設計　防振メカニズムとフィードフォワード制御による対策法』日刊工業新聞社，2018
34) 竹内義之『非線形制御工学（第 2 版）』大学教育出版，2018
35) 片柳亮二「Z 接続法ゲイン最適化による多目的飛行制御設計—安定余裕要求を満足するピッチ角制御系」日本航空宇宙学会第 49 期年会講演会，2018.4
36) 片柳亮二「Z 接続法ゲイン最適化による多目的飛行制御設計—極の実部領域を指定したロール角制御系」第 62 回システム制御情報学会研究発表講演会，2018.5
37) 片柳亮二「Z 接続法ゲイン最適化による多目的飛行制御設計—ロール角制御における最適レギュレータとの比較」第 62 回システム制御情報学会研究発表講演会，

2018.5

38) 片柳亮二「KMAP ゲイン最適化による多目的飛行制御設計―安定余裕要求を満足するロール角制御系」日本航空宇宙学会第 56 回飛行機シンポジウム, 2018.11

39) 片柳亮二「KMAP による飛翔体の最適航法と比例航法との比較」日本航空宇宙学会第 56 回飛行機シンポジウム, 2018.11

40) 片柳亮二「KMAP による非線形最適化問題の一解法―2 輪車両の車庫入れ問題」第 61 回自動制御連合講演会, 2018.11

41) 片柳亮二「KMAP による非線形最適化問題の一解法―非線形フィードバック制御則」第 61 回自動制御連合講演会, 2018.11

42) 片柳亮二『KMAP ゲイン最適化による多目的制御設計 なぜこんなに簡単に設計できるのか, 産業図書, 2018

43) 高井宗「非線形ロバスト制御を用いた二足ロボットの歩行制御」奈良先端科学技術大学院大学修士論文, 2008

# 索　引

## 【あ行】

1 次遅れ ……………………… 68
オイラーの微分方程式 ……… 16

## 【か行】

KKT（カルーシュ・クーン・タッカー）
　条件 …………………………… 4
機体 3 面図 ………………… 119
仰角 ………………………… 120
クアッドロータ型ドローン … 129
KMAP ゲイン最適化法 …… 1, 23
航法定数 ……………………… 69
抗力 ………………………… 120

## 【さ行】

サイクロイド曲線 …………… 17
最速降下線 …………………… 15
最短時間上昇 ………………… 47
最短時間問題 ………………… 41
最適航法 ……………………… 67
最適制御問題 ………………… 2
実行可能領域 ………………… 2
終端状態量拘束問題 ………… 20
縦列駐車 ……………………… 83
準ニュートン法 ……………… 1
シンプレックス法 …………… 2
数理計画法 ………………… 1, 25

接近速度 ……………………… 68
線形計画法 …………………… 1
線形最適化問題 ……………… 1
線形最適制御問題 …………… 2
線形制御 ……………………… 1
走行クレーン ………………… 86

## 【た行】

単振り子 …………………… 106
逐次 2 次計画法 ……………… 1
長周期運動 ………………… 120
等式制約条件 ………………… 3
ドローンの飛行運動 ……… 129

## 【な行】

2 慣性共振系 ………………… 95
2 次計画法 …………………… 1
2 次計画法問題 ……………… 25
2 点境界値問題 ……………… 2
2 輪車両の車庫入れ ………… 76

## 【は行】

バックステッピング法 …… 11, 38
ハミルトニアン ……………… 18
飛行機の運動 ……………… 119
飛行経路角 ………………… 120
非線形計画法 ………………… 1

索　引

非線形最適化問題 …………………… 1
非線形最適制御問題 ………………… 2
非線形制御 …………………………… 1
ピッチ角コマンド制御系 ………… 122
評価関数 ……………………………… 1
比例航法 …………………………… 67
不等式制約条件 ……………………… 4

【ま行】

ミスディスタンス ………………… 67
目視線角 …………………………… 68
目視線角速度 ……………………… 67

目的関数 ……………………………… 1
モンテカルロ法 …………………… 24

【や行】

有効航法定数 ……………………… 70
揚力 ………………………………… 120

【ら行】

ラグランジュ未定乗数法 …………… 3
乱数 ………………………………… 24
リアプノフ関数 ………………… 7, 11
ロール角コマンド制御系 ………… 133

[著者略歴]

# 片 柳 亮 二（かたやなぎ・りょうじ）

博士（工学）

| | |
|---|---|
| 1946 年 | 群馬県生まれ |
| 1970 年 | 早稲田大学理工学部機械工学科卒業 |
| 1972 年 | 東京大学大学院工学系研究科修士課程（航空工学）修了 |
| | 同年，三菱重工業（株）名古屋航空機製作所に入社 |
| | T-2CCV 機，QF-104 無人機，F-2 機等の飛行制御系開発に従事 |
| | 同社プロジェクト主幹を経て |
| 2003 年 | 金沢工業大学航空システム工学科教授 |
| 2016 年〜 | 金沢工業大学客員教授 |

著　書　『航空機の運動解析プログラム KMAP』産業図書，2007
　　　　『航空機の飛行力学と制御』森北出版，2007
　　　　『KMAP による制御工学演習』産業図書，2008
　　　　『飛行機設計入門―飛行機はどのように設計するのか』日刊工業新聞社，2009
　　　　『KMAP による飛行機設計演習』産業図書，2009
　　　　『KMAP による工学解析入門』産業図書，2011
　　　　『航空機の飛行制御の実際―機械式からフライ・バイ・ワイヤへ』森北出版，2011
　　　　『初学者のための KMAP 入門』産業図書，2012
　　　　『飛行機設計入門 2（安定飛行理論）―飛行機を安定に飛ばすコツ』日刊工業新聞社，2012
　　　　『飛行機設計入門 3（旅客機の形と性能）―どのような機体が開発されてきたのか』
　　　　日刊工業新聞社，2012.
　　　　『機械システム制御の実際―航空機，ロボット，工作機械，自動車，船および水中ビークル』
　　　　産業図書，2013
　　　　『例題で学ぶ航空制御工学』技報堂出版，2014
　　　　『例題で学ぶ航空工学―旅客機，無人飛行機，模型飛行機，人力飛行機，鳥の飛行』
　　　　成山堂書店，2014
　　　　『設計法を学ぶ 飛行機の安定性と操縦性』成山堂書店，2015
　　　　『飛行機の翼理論』成山堂書店，2016
　　　　『KMAP ゲイン最適化による多目的制御設計―なぜこんなに簡単に設計できるのか』
　　　　産業図書，2018

簡単に解ける
## 非線形最適制御問題

定価はカバーに表示してあります.

2019年5月1日 1版1刷発行

ISBN978-4-7655-3268-6 C3053

| 著　者 | 片　柳　亮　二 |
| 発行者 | 長　　　滋　彦 |
| 発行所 | 技報堂出版株式会社 |

日本書籍出版協会会員
自然科学書協会会員
土木・建築書協会会員

Printed in Japan

〒101-0051　東京都千代田区神田神保町1-2-5
電　話　営　業　(03) (5217) 0885
　　　　編　集　(03) (5217) 0881
F A X　　　　　(03) (5217) 0886
振替口座　00140-4-10
http://gihodobooks.jp/

装幀　浜田晃一　　印刷・製本　三美印刷

© Ryoji Katayanagi, 2019

落丁・乱丁はお取り替えいたします.

**JCOPY** 〈出版者著作権管理機構 委託出版物〉

本書の無断複写は著作権法上での例外を除き禁じられています. 複写される場合は, そのつど事前に, 出版者著作権管理機構 (電話: 03-3513-6969, FAX: 03-3513-6979, e-mail: info@jcopy.or.jp) の許諾を得てください.

◆小社刊行図書のご案内◆

定価につきましては小社ホームページ（http://gihodobooks.jp/）をご確認ください．

## 例題で学ぶ
## 航空制御工学

片柳亮二 著
A5・222頁

【内容紹介】本書では，航空機の飛行制御問題を題材として，制御工学が実際に役に立つことを理解していただく．航空機の制御系は絶対に安全でなければならない．設計した制御系はゲイン変動に対しても十分な安定余裕を持つように極・零点を配置することが重要である．本書によって，安全な制御系を設計する能力を身につけていただけたら幸いである．

## 事例に学ぶ
## 流体関連振動（第3版）

日本機械学会 編
A5・440頁

【内容紹介】原子力発電所細管の破断や亀裂などが大きな問題となったように，流体と構造物が連成して発生させる振動によるトラブルは，後を絶たない．本書は，その流体関連振動に関する知見，とくに設計者として知っておくべき基礎的な事項について，過去の事例を踏まえて，整理・集約した．設計者や現場担当者のみならず，規格技術者，大学院生にとっても有用な書となっている．第3版では，時代の要請に応える形で，「数値流体力学の適用方法」と「技術ロードマップ」を追加し，全10章の構成とした．

## フルードインフォマティクス
― 「流体力学」と「情報科学」の融合 ―

日本機械学会 編
B5・210頁

【内容紹介】フルードインフォマティクスに関する初の書籍．フルードインフォマティクスは，従来の数値流体力学を含み，情報科学の研究手法を用いて流体研究を行う新しい学問分野である．この分野は，現在，急速に成長しつつある新しい学問分野であり，本書では，融合解析，定性解析，高度可視化，データマイニング，多目的最適化など新しい流体問題解決の核となる情報科学的手法について，相互の関連も含めて述べている．情報科学と融合した流体力学の新しい展開に興味のある，学生，技術者，一般の方に最適．

## シェルの振動と座屈ハンドブック

日本機械学会 編
A5・432頁

【内容紹介】シェル構造の振動や騒音を効率的に軽減，制御する設計技術，精度や信頼性，経済性を向上させる設計技術を確立するためには，シェル構造物の振動や座屈特性を理論的に把握する必要がある．本書は，シェルの振動と座屈に関するこれまでの研究成果を集大成するとともに，これまで独自に進められてきた基礎研究と応用（実用）研究とを統合した新たな研究活動の展開を図るべく，まとめられた書．シェルの力学，振動理論・座屈理論の基礎，各種シェルの理論から始め，さまざまな形状，材料のシェルの振動と座屈について，数多くの図版や表を示しながら平易に解説している．

技報堂出版　TEL 営業 03(5217)0885 編集 03(5217)0881　FAX 03(5217)0886